W0407546

Mathefreunde 1

Arbeitsbuch Inklusion | Teil B

Herausgegeben von
Edmund Wallis, Leipzig

Erarbeitet von
Petra Franz, Erfurt
Patricia Reichard, Rostock
Edmund Wallis, Leipzig
Silvia Weisse, Bad Düben

VOLK UND WISSEN

Mathefreunde 1

Arbeitsbuch Inklusion | Teil B

Herausgegeben von
Edmund Wallis, Leipzig

Erarbeitet von
Petra Franz, Erfurt; Patricia Reichard, Rostock; Edmund Wallis, Leipzig; Silvia Weisse, Bad Düben

Redaktion: Hans Huschens, Susanne Knipper, Uwe Kugenbuch,
Illustration: Judith Ganter; Daniel Müller; Uta Bettzieche (Hunde)
Grafik: Christine Wächter
Umschlaggestaltung und Layout: tritopp, Berlin, Daniel Müller (Illustration)
technische Umsetzung und Layout: Ines Schiffel, Berlin

Bildnachweis:
Seite 45: Vincent Grafhorst/Minden Pictures/Corbis

www.cornelsen.de

1. Auflage, 3. Druck 2020

Alle Drucke dieser Auflage sind inhaltlich unverändert
und können im Unterricht nebeneinander verwendet werden.

© 2015 Cornelsen Schulverlage GmbH, Berlin
© 2017 Cornelsen Verlag GmbH, Berlin

Das Werk und seine Teile sind urheberrechtlich geschützt.
Jede Nutzung in anderen als den gesetzlich zugelassenen Fällen bedarf der vorherigen schriftlichen Einwilligung des Verlages.
Hinweis zu §§ 60 a, 60 b UrhG: Weder das Werk noch seine Teile dürfen ohne eine solche Einwilligung an Schulen oder in Unterrichts- und Lehrmedien (§ 60 b Abs. 3 UrhG) vervielfältigt, insbesondere kopiert oder eingescannt, verbreitet oder in ein Netzwerk eingestellt oder sonst öffentlich zugänglich gemacht oder wiedergegeben werden.
Dies gilt auch für Intranets von Schulen.

Druck: Athesiadruck GmbH

ISBN 978-3-06-083736-6 (Paket mit den Teilen A und B)

PEFC
PEFC/18-31-166

PEFC zertifiziert
Dieses Produkt stammt aus nachhaltig bewirtschafteten Wäldern und kontrollierten Quellen.

www.pefc.de

Inhalt

An den Symbolen kannst du erkennen, worum es gerade geht.

- Zahlen und Operationen
- Größen und Messen
- Geometrie
- Daten, Häufigkeit und Wahrscheinlichkeit

Die Aufgaben sind so nummeriert: 1

Auf den Zetteln findest du die Lösungen: 0 1

Merkkasten: **MERKE DIR**

Freundeaufgaben

Der Zahlenstrahl – Die Zahlen von 0 bis 10

1 Erfinde Zahlenreime!

2 Zeige 3, 7, 2, 9, 6, 0.

0 1 2 3 4 5 6 7 8 9 10

3

0 1 ☐ 3 ☐ 5 6 ☐ 8 ☐ 10

1: Vorwärts und rückwärts zählen. Zahlenreime nachsprechen. Zahlenreime erfinden.
2: Zahlen am Zahlenstrahl zeigen. 3: Fehlende Zahlen eintragen.

1

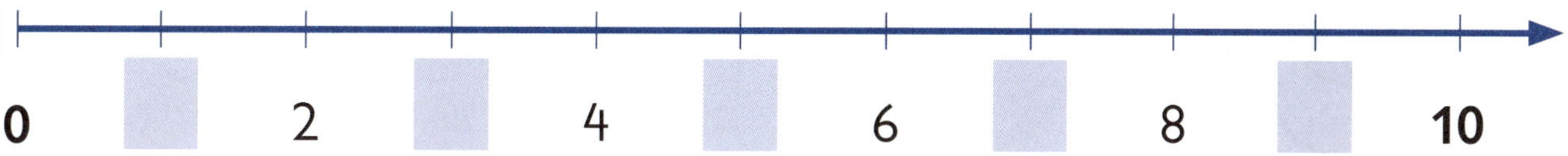

2

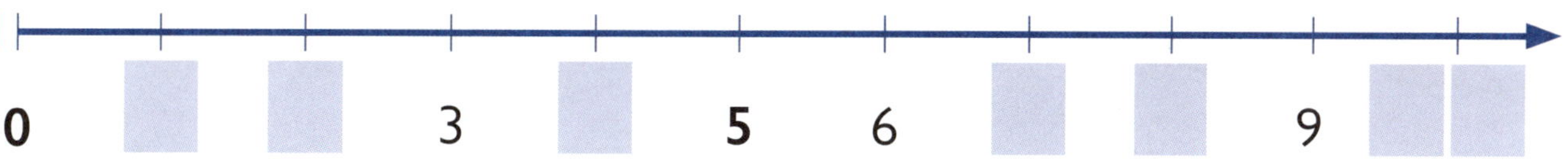

3

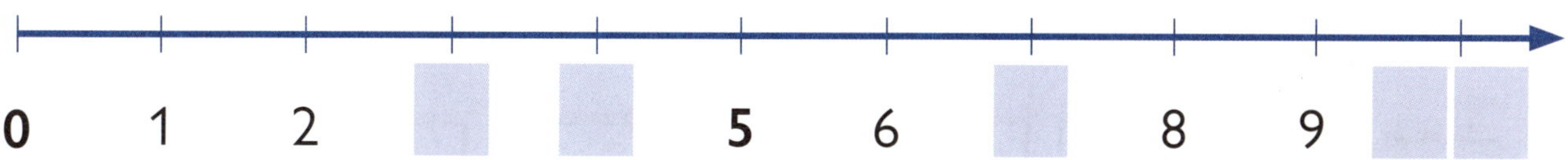

4

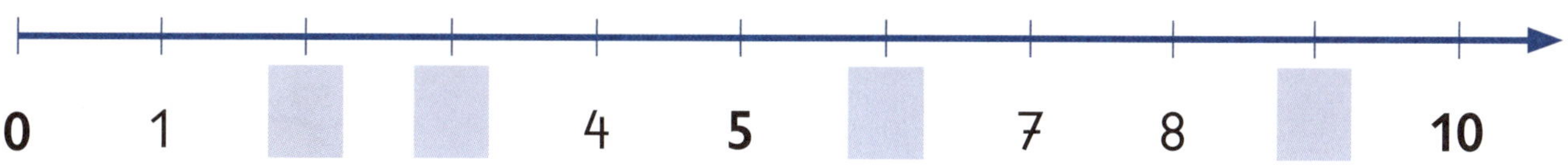

5

6

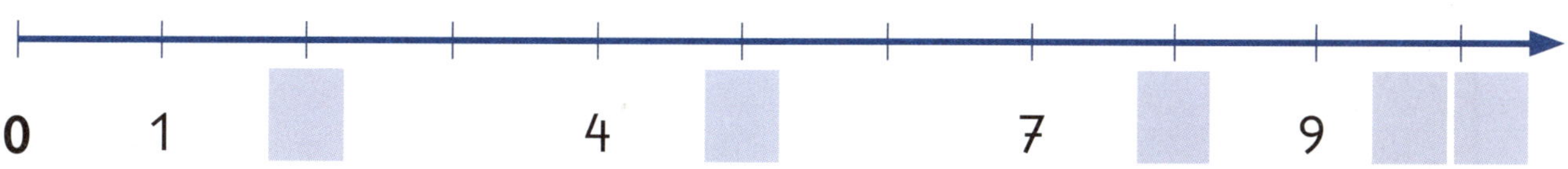

7

1 bis 7 : Platzhalter mit den richtigen Zahlen belegen.

Ordnungszahlen

1

2

1., 3. — 2., 5. — 4., 6.

3

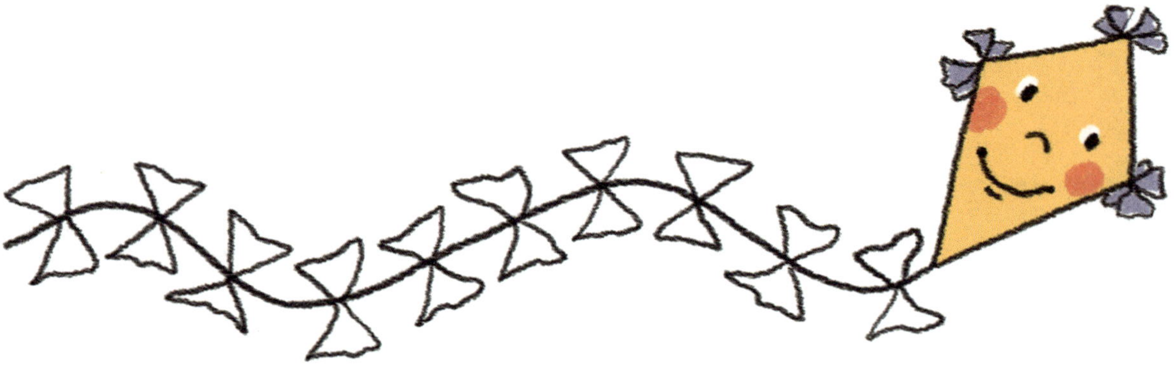

2., 5., 7. — 1., 8., 9. — 3., 6. — 4., 10.

4

2., 4., 6., 8. — 1., 3., 7., 9. — 5., 10.

1: Ordnungszahlen zuordnen; 2 bis 4 :Zug und Drachen entsprechend den Vorgaben ausmalen.

1

2

3

4

5

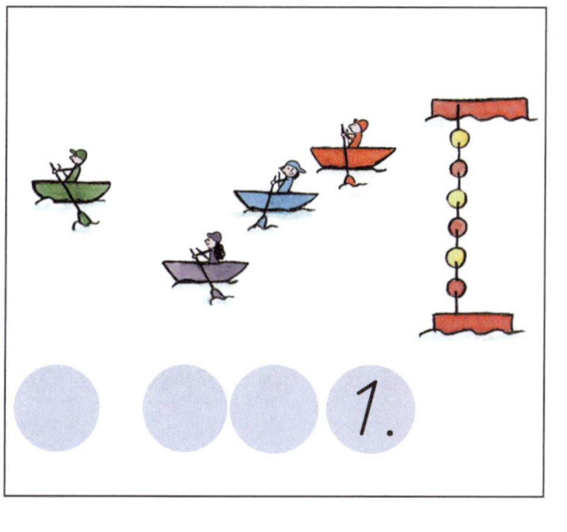

1, 2, 4, 5: Ordnungszahlen zuordnen. 3: Platzierungen entsprechend dem Zieleinlauf von Aufgabe 2 festlegen.

Addieren bis 10

1

3 + 2 = ☐

3 + ☐ = ☐

2

4 + 2 = ☐

☐ + ☐ = ☐

3

☐ + ☐ = ☐

☐ + ☐ = ☐

4

☐ + ☐ = ☐

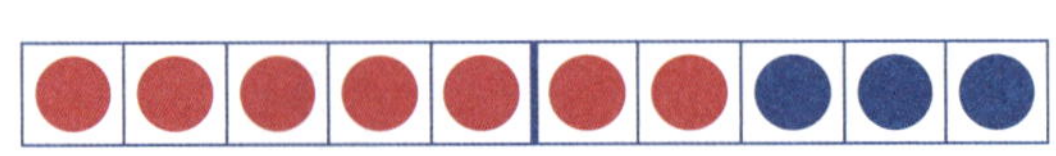

☐ + ☐ = ☐☐

5

☐ + ☐ = ☐

☐ + ☐ = ☐

1 bis 5: Addieren unter Verwendung des Zehnerstreifens (Plättchen legen).

1

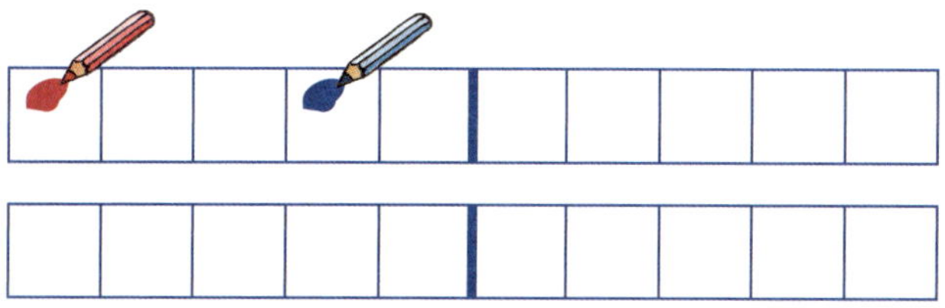

3 + 3 = ☐

8 + 2 = ☐☐

2

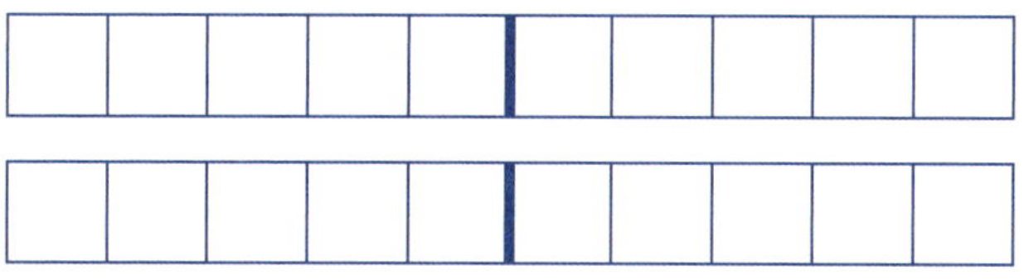

5 + 2 = ☐

3 + 6 = ☐

3

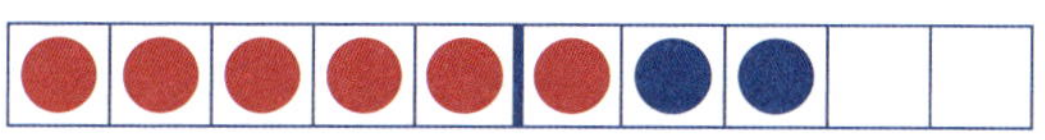

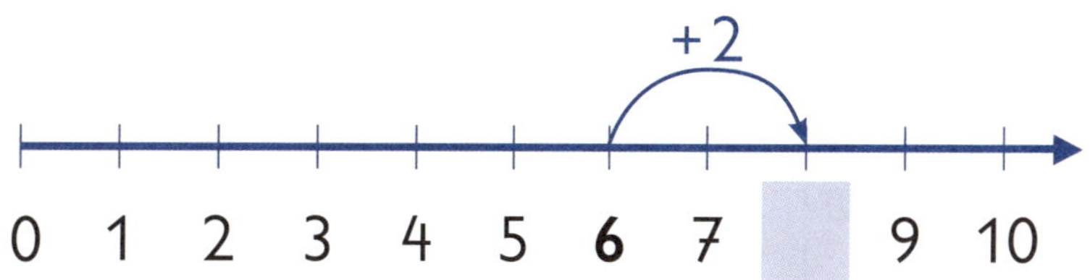

6 + 2 = ☐

6 + 2 = ☐

4

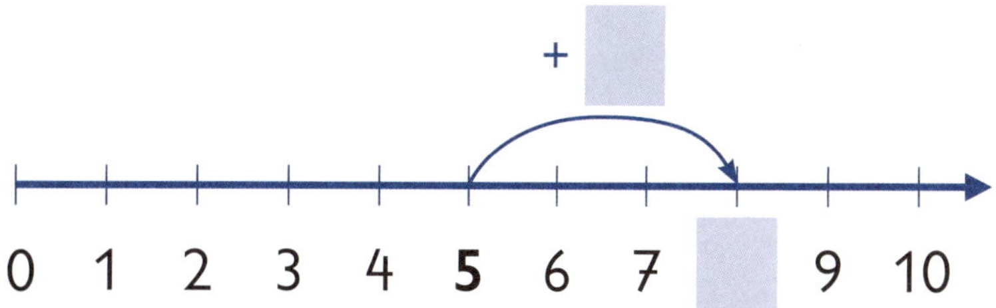

5 + ☐ = ☐

5 + ☐ = ☐

5

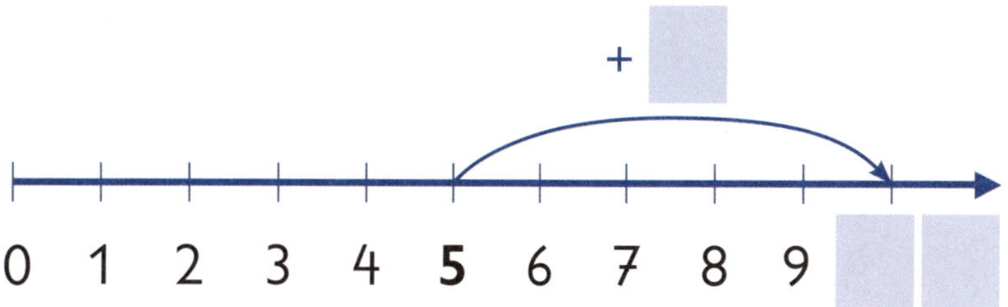

☐ + ☐ = ☐☐

☐ + ☐ = ☐☐

1

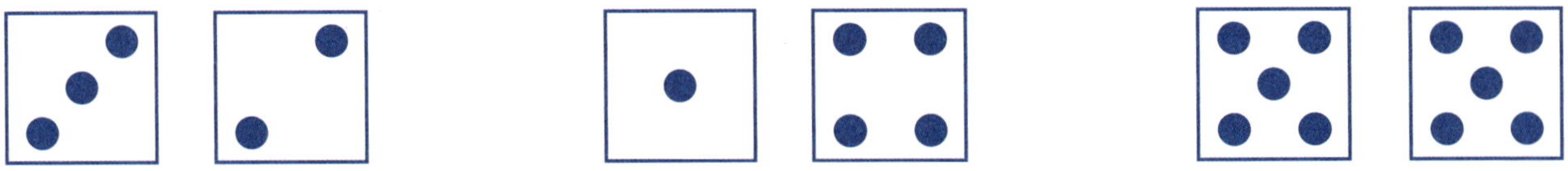

☐ + ☐ = ☐

☐ + ☐ = ☐

☐ + ☐ = ☐☐

2

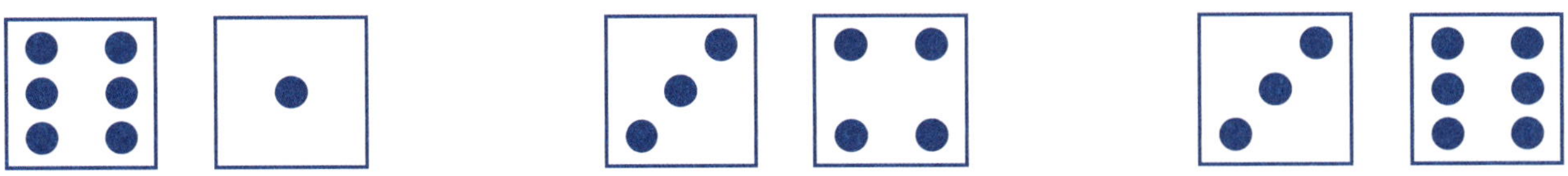

☐ + ☐ = ☐

☐ + ☐ = ☐

☐ + ☐ = ☐

3

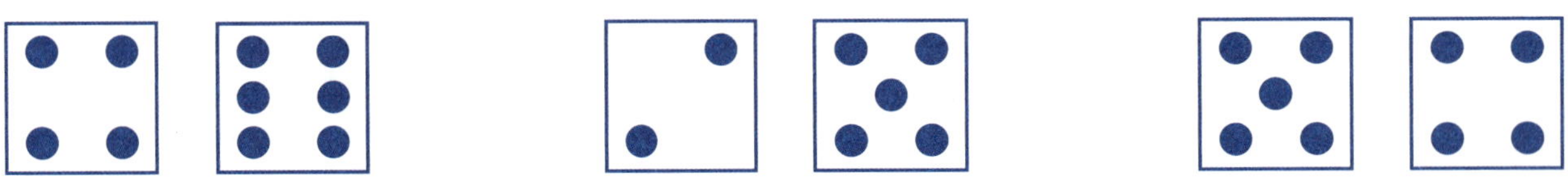

☐ + ☐ = ☐☐

☐ + ☐ = ☐

☐ + ☐ = ☐

4

3 + 2 = ☐	4 + 3 = ☐	2 + 0 = ☐
4 + 2 = ☐	3 + 3 = ☐	2 + 1 = ☐
5 + 2 = ☐	2 + 3 = ☐	2 + 2 = ☐
6 + 2 = ☐	☐ + 3 = ☐	2 + ☐ = ☐
7 + 2 = ☐	☐ + 3 = ☐	2 + ☐ = ☐

5

1 + 6 = ☐	1 + 7 = ☐	4 + 4 = ☐
8 + 2 = ☐☐	5 + 4 = ☐	0 + 2 = ☐
3 + 3 = ☐	5 + 0 = ☐	7 + 2 = ☐

1 bis 3: Additionsaufgaben finden und lösen. 4: Addieren – Aufgabenfolge vervollständigen. 5: Addieren.

1

2 →(+ 2) 4 | 6 →(+ 1) ☐ | 5 →(+ 2) ☐

4 →(+ 2) ☐ | 3 →(+ 3) ☐ | 4 →(+ 3) ☐

2

8 →(+ 1) ☐ | 0 →(+ 2) ☐ | 7 →(+ 3) ☐☐

2 →(+ 3) ☐ | 5 →(+ 4) ☐ | 6 →(+ 2) ☐

3

☐ ☐ | ☐ ☐ | ☐ ☐

7 + ☐ = 10 | 4 + ☐ = ☐☐ | ☐ + ☐ = ☐☐

4

☐ ☐ | ☐ ☐ | ☐ ☐

☐ + 3 = 8 | ☐ + ☐ = ☐ | ☐ + ☐ = ☐

1, 2: Rechenbefehl ausführen. 3, 4: Zerlegung erfassen. Summanden finden. Aufgaben lösen.

Tauschaufgaben

1

Anna

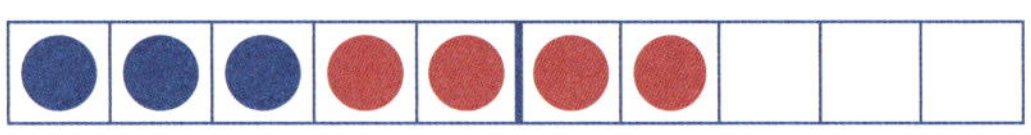

3 + 4 = ☐

Tom

4 + 3 = ☐

2

2 + ☐ = ☐

3 + ☐ = ☐

3

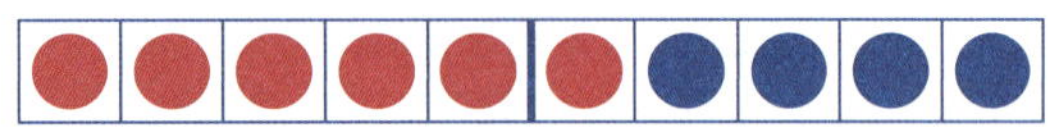

☐ + ☐ = ☐☐

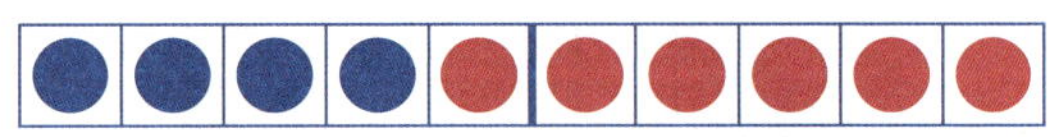

☐ + ☐ = ☐☐

4

1 + 3 = ☐	2 + 4 = ☐	1 + 5 = ☐
3 + 1 = ☐	4 + 2 = ☐	5 + 1 = ☐

5

2 + 8 = ☐☐	3 + 6 = ☐	0 + 9 = ☐
8 + 2 = ☐☐	6 + 3 = ☐	9 + 0 = ☐

6

2 + 6 = ☐	4 + 6 = ☐☐	1 + 7 = ☐
6 + 2 = ☐	6 + 4 = ☐☐	7 + 1 = ☐

1 bis 3: Addieren unter Verwendung des Zehnerstreifens (Plättchen legen, malen). 4 bis 6: Addieren.

1

2 + 3 = __
3 + 2 = __

__ + 6 = __
__ + 2 = __

__ + __ = __ __
__ + __ = __ __

2

7 + 1 = __
1 + __ = __

3 + 5 = __
5 + __ = __

0 + 4 = __
4 + __ = __

3

2 + 5 = __
__ + 2 = __

3 + 3 = __
__ + 3 = __

2 + 8 = __ __
__ + 2 = __ __

4

4 + 5 = __
__ + __ = __

10 + 0 = __ __
__ + __ __ = __ __

2 + 6 = __
__ + __ = __

5

5 + 1 = __	8 + 0 = __	6 + 2 = __	0 + 8 = __
3 + 4 = __	2 + 6 = __	4 + 3 = __	1 + 5 = __

6

3 + 2 = __
2 + 3 = __

2 + 7 = __
7 + __ = __

6 + 1 = __
__ + __ = __

4 + __ = __
__ + __ = __

1 bis 4: Aufgaben lösen. Tauschaufgabe finden und lösen. 5: Aufgabenpaare erkennen. Aufgabe und Tauschaufgabe lösen, mit gleicher Farbe ausmalen. 6: Aufgabe und Tauschaufgabe lösen. Selbst eine Aufgabe und Tauschaufgabe bilden und lösen.

Addieren bis 10 – Übungen

1

4 + __ = 10 | 3 + __ = __ __ | 5 + __ = __ __

2

10 + __ = 10	6 + __ = 10	2 + __ = 10
9 + __ = 10	5 + __ = 10	1 + __ = 10
8 + __ = 10	4 + __ = 10	0 + __ __ = 10
7 + __ = 10	3 + __ = 10	8 + __ = 10

3

0 + 10 = __ __	5 + 5 = __ __	7 + 3 = __ __
1 + 9 = __ __	4 + 6 = __ __	8 + 2 = __ __
2 + 8 = __ __	5 + 5 = __ __	9 + 1 = __ __
3 + 7 = __ __	6 + 4 = __ __	10 + 0 = __ __

4

__ + 5 = 10	__ + 5 = 10	5 + __ = 10
__ + 1 = 10	4 + __ = 10	__ + 2 = 10
__ + 8 = 10	__ + 7 = 10	0 + __ __ = 10
__ + 3 = 10	10 + __ = 10	__ + 4 = 10

5

10	
3	__

__	
8	2

10	
1	__

10	
__	2

8	
5	__

8	
4	__

8	
2	__

8	
__	__

1: Aufgaben zuordnen und lösen. 2 bis 4: Summanden und Summe berechnen. 5: Rechenmauern lösen.

1

6 + ☐ = 9

5 + ☐ = ☐

2 + ☐ = ☐

2

6 + 0 = ☐
6 + 1 = ☐
6 + 2 = ☐
6 + 3 = ☐
6 + 4 = ☐☐

3

0 + 3 = ☐
1 + 3 = ☐
2 + 3 = ☐
3 + 3 = ☐
4 + 3 = ☐

4

5 + 1 = ☐
4 + 2 = ☐
3 + 3 = ☐
2 + 4 = ☐
1 + 5 = ☐

5

Oben	Unten links	Unten rechts
	2	4
	1	6
	7	3
	4	5

6

Oben	Unten links	Unten rechts
6	3	
7	5	
6	6	
10		5

7

Freundeaufgabe – Zehn gewinnt
Zwei Kinder ziehen abwechselnd eine Karte. Wer zuerst die Summe 10 bilden kann, hat gewonnen.

1: Aufgabe finden und lösen. 2 bis 4: Summe berechnen. 5, 6: Rechenmauern lösen.
7: Freundeaufgabe in Partnerarbeit lösen. Hinweis SB1 Freundeseite 66

Subtrahieren bis 10

1

$\square - \square = \square$

$\square - \square = \square$

2

8

–

4

=

$\square$

3

7

–

6

=

$\square$

4

$5 - \square = \square$

5

$\square - \square = \square$

1: Subtraktionsaufgabe zum Bild finden und lösen. 2 bis 5: Subtraktionsaufgabe lösen.

1

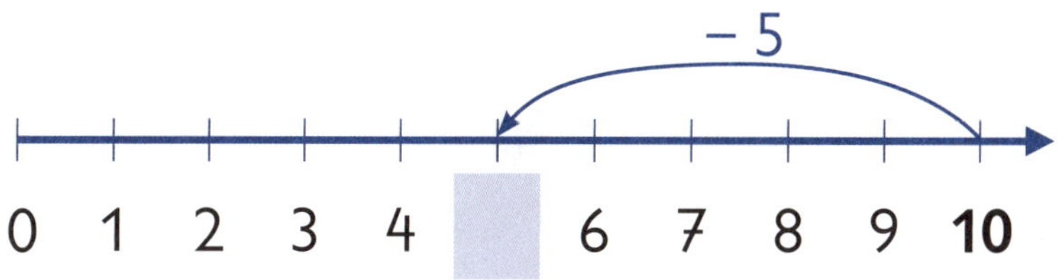

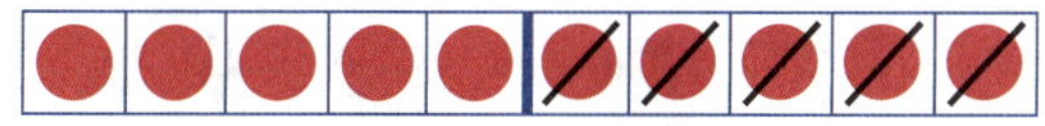

10 − 5 = ☐

2

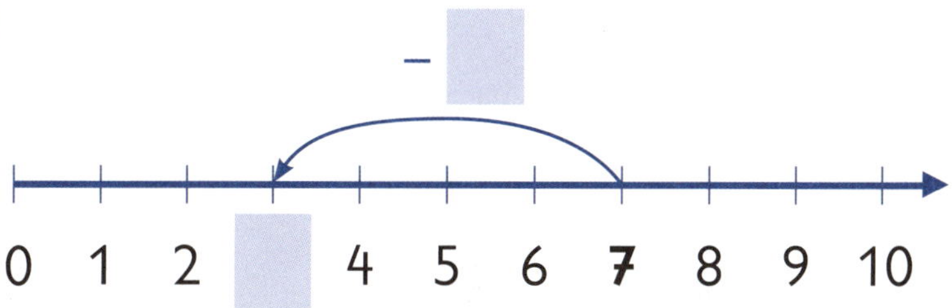

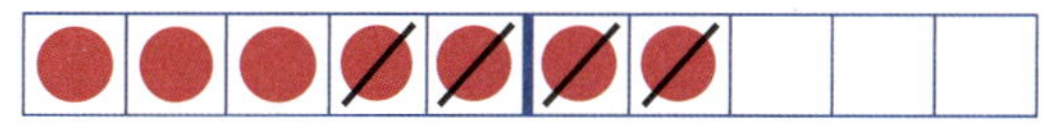

7 − ☐ = ☐

3

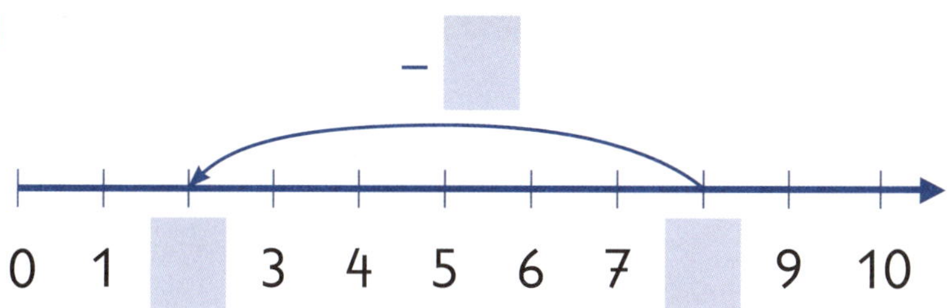

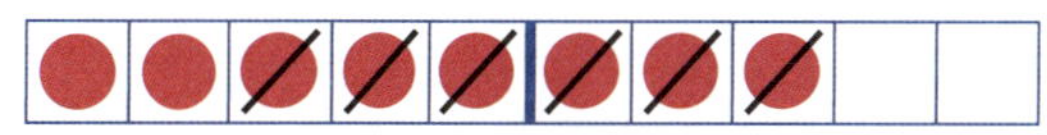

☐ − ☐ = ☐

4

5 − 1 = ☐
4 − 1 = ☐
3 − 1 = ☐
2 − 1 = ☐
☐ − 1 = ☐

5

3 − 3 = ☐
4 − 3 = ☐
5 − 3 = ☐
☐ − 3 = ☐
☐ − 3 = ☐

6

8 − 0 = ☐
8 − 1 = ☐
8 − 2 = ☐
☐ − ☐ = ☐
☐ − ☐ = ☐

7

6 —(− 3)→ ☐
10 —(− 1)→ ☐
9 —(− 3)→ ☐

7 —(− 2)→ ☐
4 —(− 3)→ ☐
5 —(− 5)→ ☐

0	1
3	5
6	9

1 bis 3: Platzhalter am Zahlenstrahl belegen. Subtraktionsaufgaben lösen. 4 bis 6: Aufgabenfolgen vervollständigen. Aufgaben lösen.
7: Rechenbefehl ausführen.

Umkehraufgaben

1

8 + 2 = □□

10 − 2 = □

2

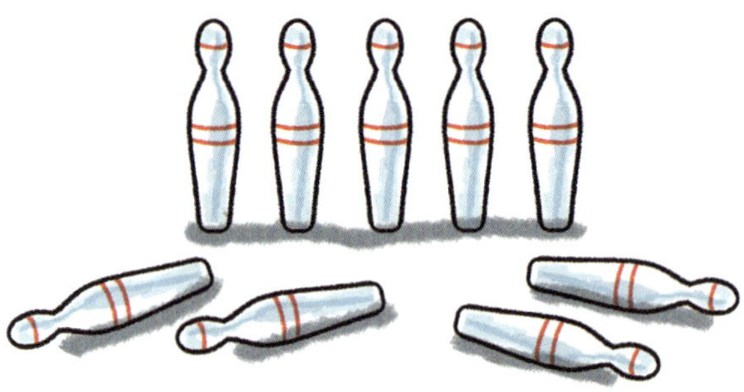

9 − 4 = □

5 + 4 = □

3

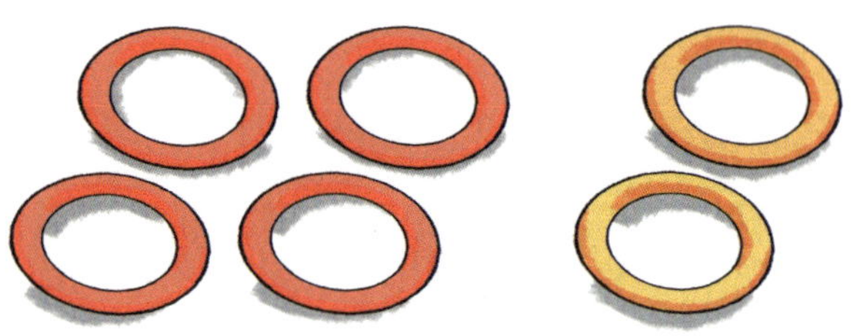

6 − □ = □

4 + □ = □

4

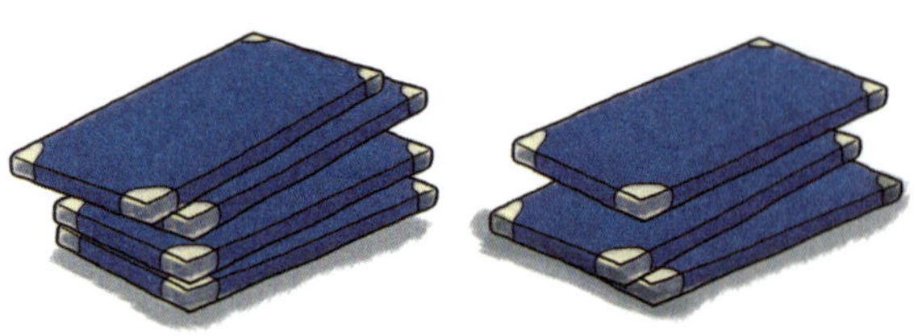

□ − □ = □

□ + □ = □

5

□ − □ = □

□ + □ = □

1 bis 5: Aufgabe und Umkehraufgabe finden und lösen.

1

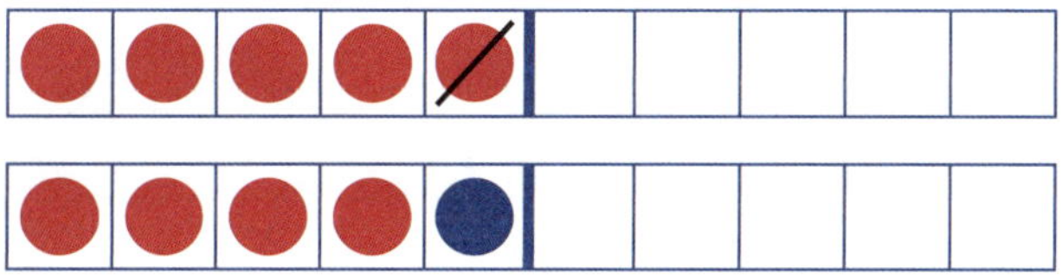

5 − 1 = ☐

4 + ☐ = ☐

2

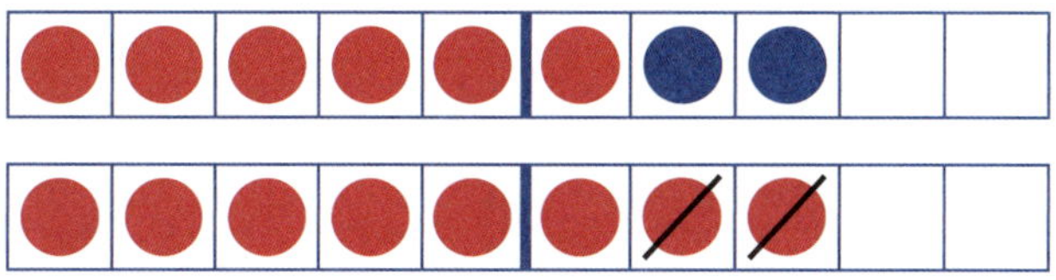

6 + ☐ = ☐

8 − ☐ = ☐

3

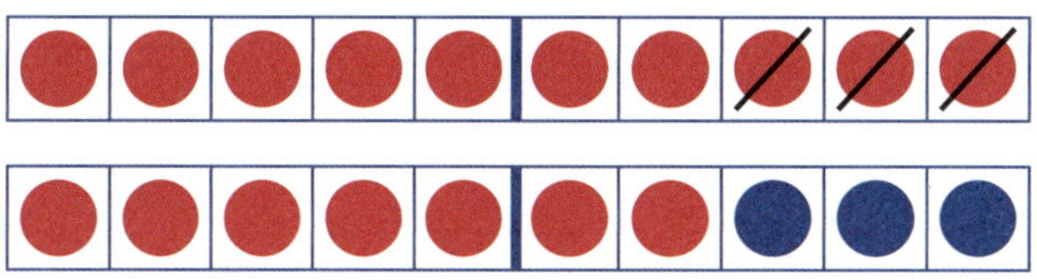

☐☐ − ☐ = ☐

☐ + ☐ = ☐☐

4

9 − 3 = ☐

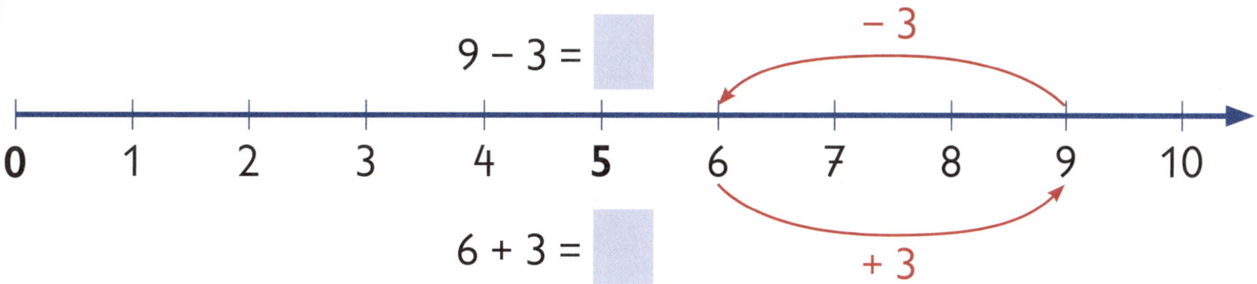

6 + 3 = ☐

5

− ☐

7 − ☐ = ☐

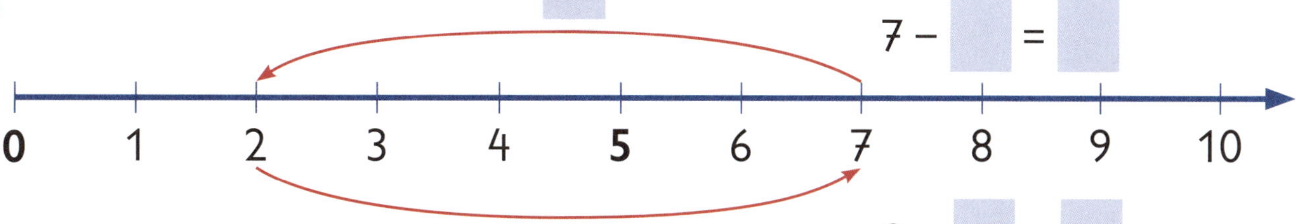

2 + ☐ = ☐

+ ☐

6

6 − 4 = ☐	4 − 3 = ☐	2 + 6 = ☐	9 − 6 = ☐
2 + 4 = ☐	☐ + ☐ = ☐	☐ − ☐ = ☐	☐ + ☐ = ☐

1 bis 6: Aufgabe und Umkehraufgabe finden und lösen.

Addieren und Subtrahieren bis 10

1

7		
6	+	
2	+	
4	+	
1	+	
3	+	

6		
4	+	
3	+	
2	+	
1	+	
0	+	

10		
	+	1
	+	5
	+	3
	+	8
	+	4

2

1 + 2

2 + 5

3 + 3

0 + 7

8 − 1

3

6

4

7

2 + 4

10 − 4

8 − 4

5 − 2

9 − 2

3

1 + 5 =

4 + 4 =

2 + 7 =

4

9 − 3 =

8 − 0 =

10 − 3 =

5

8 − 5 =

6 + 4 =

7 − 7 =

6

Freundeaufgabe – Rechenmauern erfinden

7 | 7 | 7 | 7

10 | 10 | 10 | 10

1: Rechenhäuser lösen. 2: Aufgaben den Lösungen zuordnen und färben.
3 bis 5: Additions- und Subtraktionsaufgaben lösen. 6: Freundeaufgabe lösen. Hinweis SB1 Freundeseite 66

Aufgabenfamilien

1

2 4 6

$2 + 4 = □$ $6 - 4 = □$

$4 + 2 = □$ $6 - 2 = □$

1 7 8

$1 + 7 = □$ $8 - 7 = □$

$□ + □ = □$ $□ - □ = □$

2

3 6 9

$3 + □ = 9$

$6 + □ = □$

$9 - □ = 3$

$9 - □ = 6$

3 5 8

$□ + □ = 8$

$□ + □ = 8$

$8 - □ = 5$

$□ - □ = 3$

4 5 9

$4 + □ = □$

$□ + □ = □$

$9 - □ = □$

$□ - □ = □$

3

1 3 □

$1 + □ = □$

$3 + □ = □$

$□ - □ = □$

$□ - □ = □$

2 □ 3

$2 + □ = □$

$□ + □ = □$

$3 - □ = □$

$□ - □ = □$

□ 1 5

$4 + □ = □$

$□ + □ = □$

$5 - □ = □$

$□ - □ = □$

1: Aufgabenfamilien bilden. 2, 3: Aufgabenfamilien finden und lösen.

Rechengeschichten

 5 − ☐ = ☐

 9 − ☐ = ☐

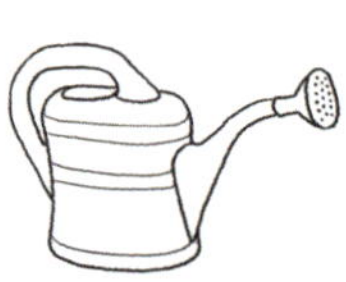 ☐ + ☐ = ☐

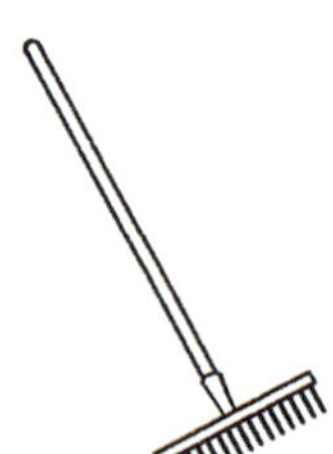 ☐ + ☐ = ☐

 ☐ + ☐ = ☐

 ☐ + ☐ = ☐

Sachverhalte im Bild finden. Aufgaben bilden und lösen.

 8 ◯ ☐ = ☐

 ☐☐ ◯ ☐ = ☐

 ☐☐ ◯ ☐ = ☐

 ☐☐ ◯ ☐ = ☐

 ☐☐ ◯ ☐ = ☐

 ☐ ◯ ☐ = ☐☐

Sachverhalte erfassen. Zum Bild die Aufgabe bilden und lösen.

Geldwerte von 1 Cent bis 10 Cent

1

1 Cent	☐ Cent	☐ Cent	☐☐ Cent
1 ct	☐ ct	☐ ct	☐☐ ct

2 Immer 3 Cent.

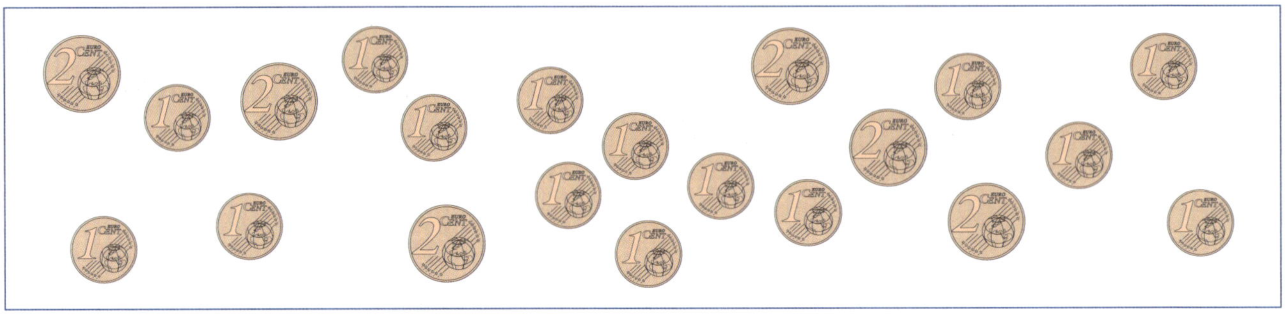

3 Immer 4 Cent.

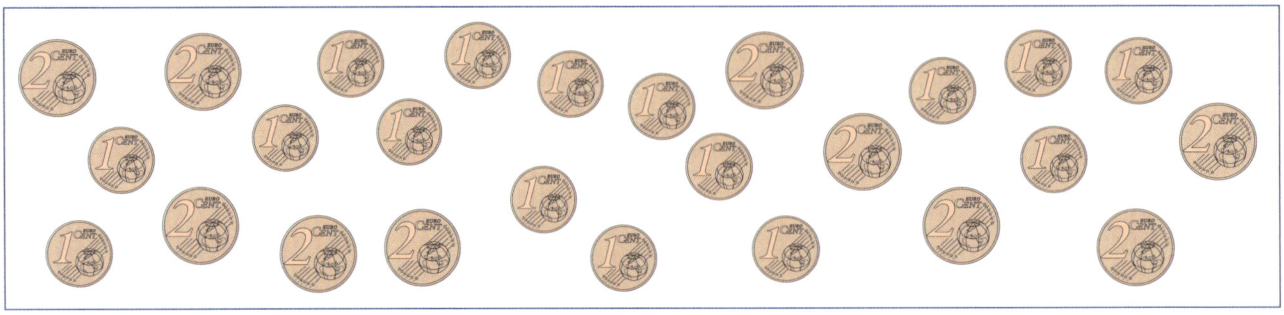

1: Münzen erkennen. Betrag zuordnen. 2, 3: Geldbeträge zu 3 ct bzw. 4 ct bündeln.

1 Immer 5 Cent.

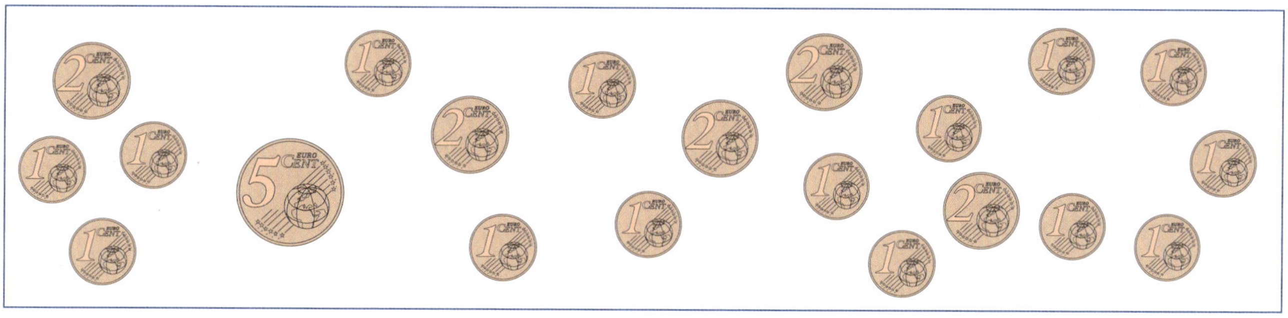

2 Immer 6 Cent.

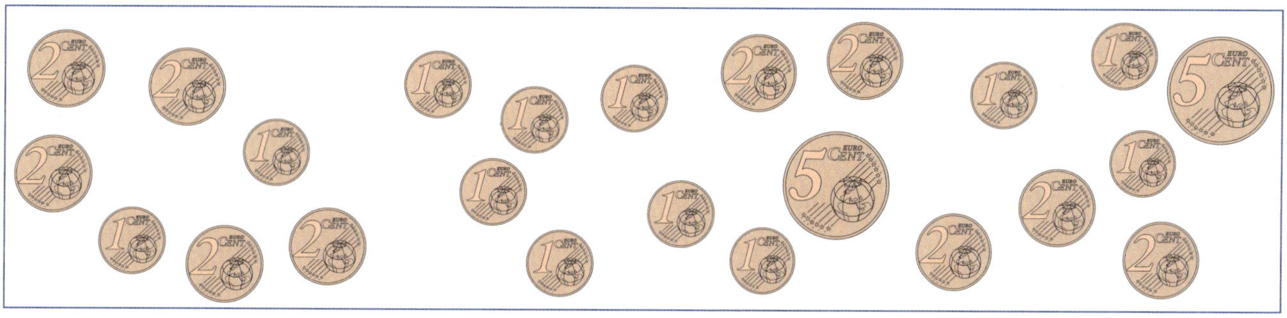

3 Immer 7 Cent.

4 Immer 9 Cent.

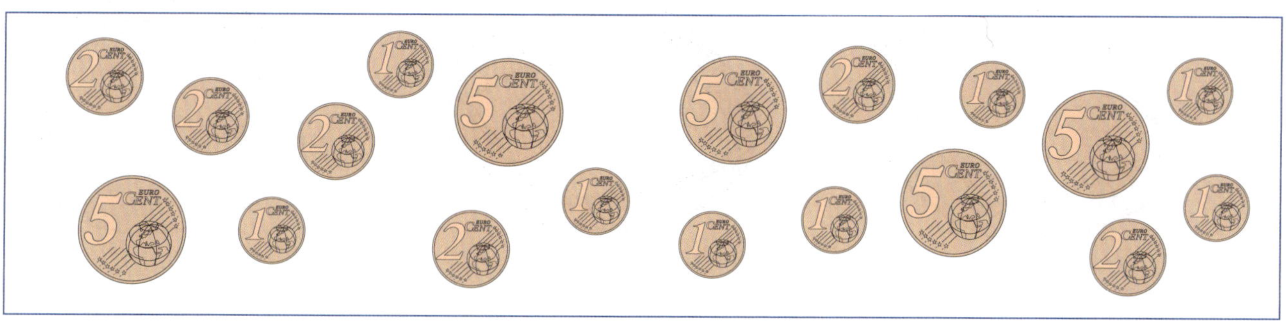

1 bis 4: Bündeln zum angegebenen Geldwert. Verschiedene Möglichkeiten erörtern.

Rechnen mit Geld

1

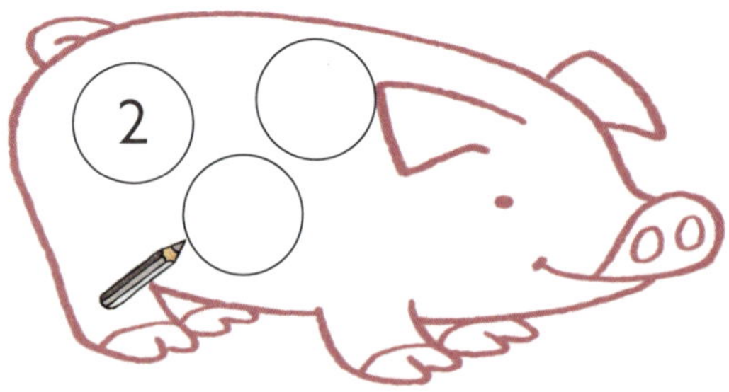

6 ct

5 ct

2

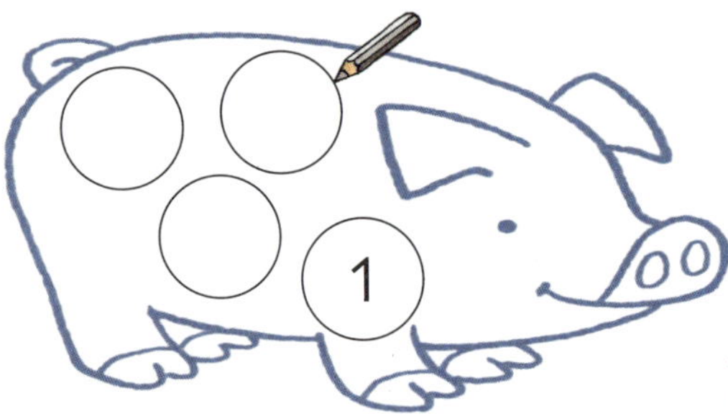

7 ct

10 ct

3

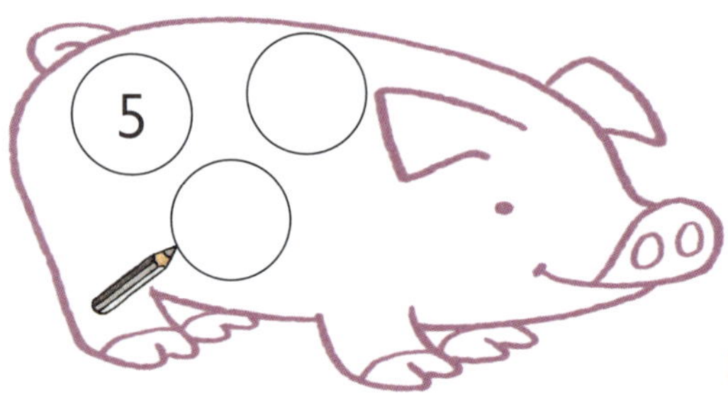

8 ct

4 ct

4

ct

ct

ct

5

ct

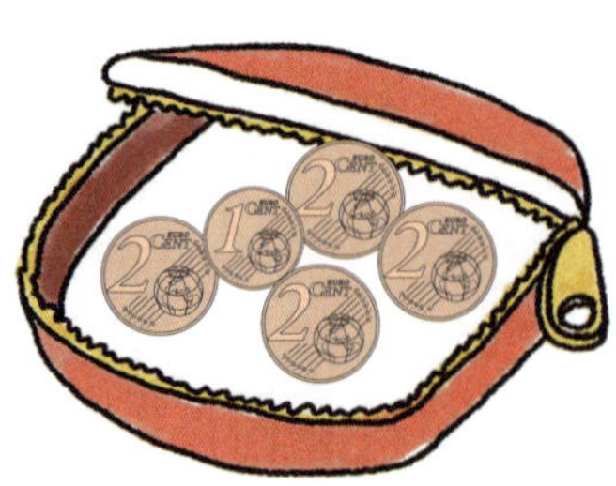

ct

ct

1 bis 3: Den angegebenen Geldwert mit Rechengeld legen. Münzen einzeichnen. Verschiedene Möglichkeiten erörtern.
4, 5: Geldbetrag bestimmen.

1

___ ct + ___ ct = ___ ct

___ ct + ___ ct = ___ ct

___ ct + ___ ct = ___ ct

2

___ ct + ___ ct = ___ ct

___ ct + ___ ct = ___ ct

___ ct + ___ ct = ___ ct

3

2 ct + 1 ct = ___ ct

2 ct + 2 ct = ___ ct

2 ct + 3 ct = ___ ct

2 ct + 4 ct = ___ ct

2 ct + 5 ct = ___ ct

4

3 ct + 1 ct = ___ ct

3 ct + 2 ct = ___ ct

3 ct + 3 ct = ___ ct

3 ct + 4 ct = ___ ct

3 ct + 5 ct = ___ ct

5

4 ct + 1 ct = ___ ct

4 ct + 2 ct = ___ ct

4 ct + 3 ct = ___ ct

6

5 ct + 1 ct = ___ ct

5 ct + 2 ct = ___ ct

5 ct + 3 ct = ___ ct

1, 2: Additionsaufgabe zuordnen und lösen. 3 bis 6: Addieren.

-+=

1

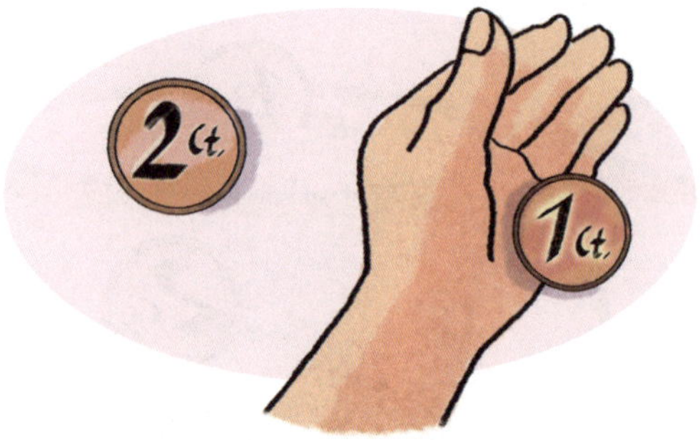

3 ct − 1 ct = ___ ct

4 ct − ___ ct = ___ ct

2

___ ct − ___ ct = ___ ct

___ ct − ___ ct = ___ ct

3

4 ct − 1 ct = ___ ct
4 ct − 2 ct = ___ ct
4 ct − 3 ct = ___ ct
4 ct − 4 ct = ___ ct

4

5 ct − 1 ct = ___ ct
5 ct − 2 ct = ___ ct
5 ct − 3 ct = ___ ct
5 ct − 4 ct = ___ ct
5 ct − 5 ct = ___ ct

5

6 ct − 1 ct = ___ ct
6 ct − 4 ct = ___ ct
6 ct − 5 ct = ___ ct
6 ct − 6 ct = ___ ct

6

7 ct − 4 ct = ___ ct
7 ct − 5 ct = ___ ct
7 ct − 6 ct = ___ ct
7 ct − 7 ct = ___ ct

1, 2: Subtraktionsaufgabe zuordnen und lösen. 3 bis 6: Subtrahieren.

1		5 ct + 2 ct = ☐ ct	5 ◯ ◯
2	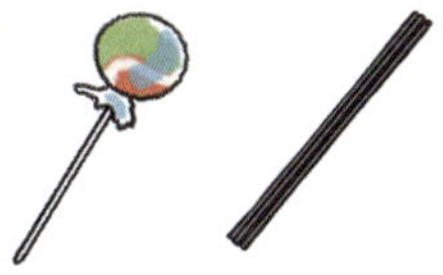	5 ct + ☐ ct = ☐ ct	5 ◯ ◯
3	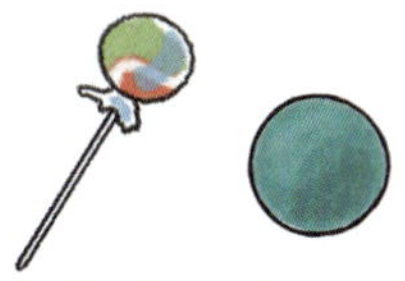	☐ ct + ☐ ct = ☐ ct	◯ ◯
4		☐ ct + ☐ ct = ☐ ct	◯
5	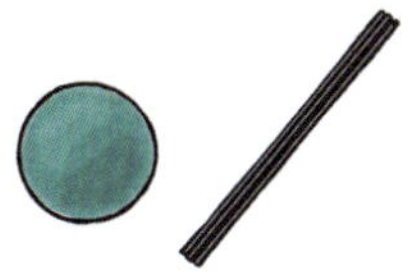	☐ ct + ☐ ct = ☐ ct	
6		☐ ct + ☐ ct = ☐ ct	
7		☐ ct + ☐ ct = ☐☐ ct	

1 bis 7: Additionsaufgaben finden und lösen. Die passenden Münzen zeichnen. Aufgaben mit Rechengeld nachlegen.

Geldwerte von 1 Euro bis 10 Euro

1

1 Euro | ___ Euro | ___ Euro | ___ ___ Euro

1 € | ___ € | ___ € | ___ ___ €

2 Immer 5 €.

3 Immer 6 €.

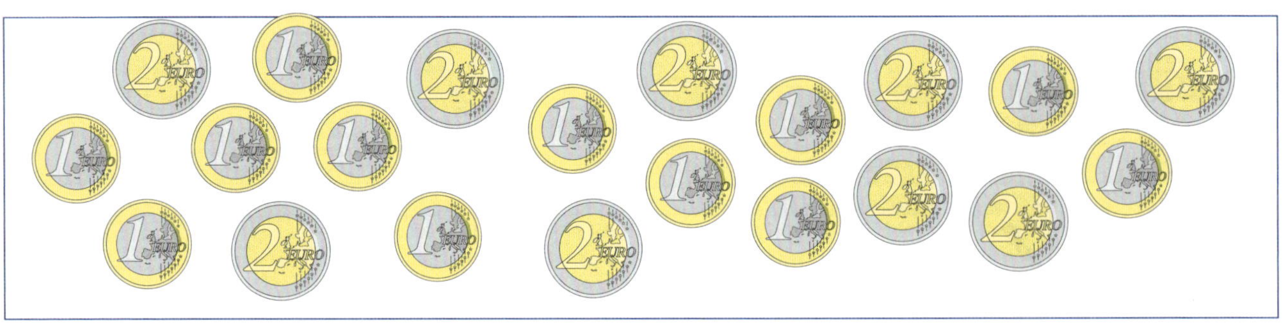

4 Immer 7 €.

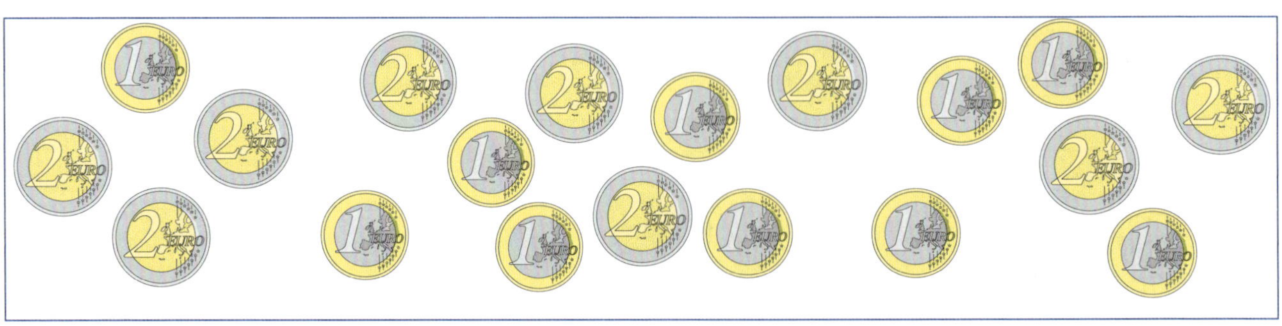

1: Münzen und Geldscheine erkennen und zuordnen. 2 bis 4: Bündeln zum angegebenen Geldwert. Verschiedene Möglichkeiten erörtern.

1 Immer 8 €.

2 Immer 9 €.

3 Immer 10 €.

4 Immer 10 €.

1 bis 4: Bündeln zum angegebenen Geldwert. Verschiedene Möglichkeiten erörtern.

Rechnen mit Geld

1

5 €

7 €

2

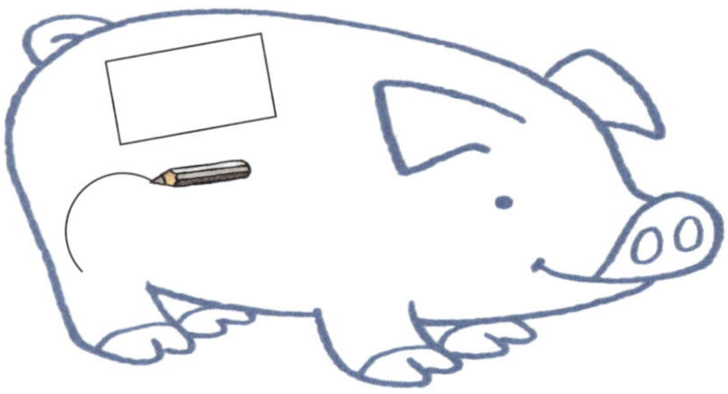

9 €

6 €

3

8 €

8 €

4

☐ €

☐ €

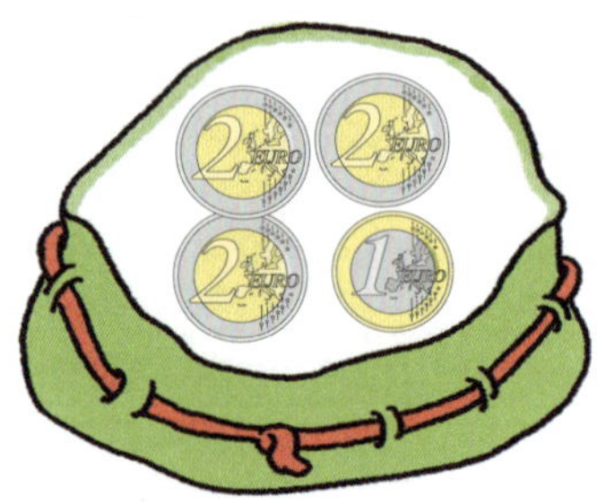

☐ €

5

☐☐ €

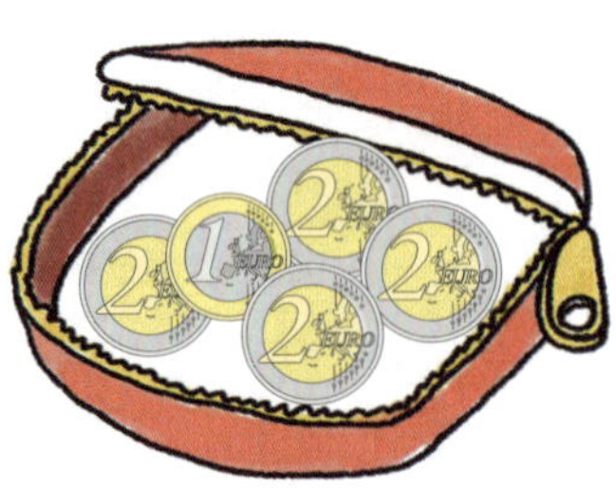

☐ €

☐ €

1 bis 3: Den angegebenen Geldwert mit Rechengeld legen. Münzen bzw. Geldschein in das Sparschwein malen. 4, 5: Geldbetrag bestimmen.

1

2 € + ☐ € = ☐ €

☐ € + ☐ € = ☐ €

2

☐ € + ☐ € = ☐ €

☐ € + ☐ € = ☐☐ €

3

8 € – ☐ € = ☐ €

☐ € – ☐ € = ☐ €

4

☐ € – ☐ € = ☐ €

☐ € – ☐ € = ☐ €

1, 2: Additionsaufgaben zuordnen und lösen. 3, 4: Subtraktionsaufgaben zuordnen und lösen.

3 €

oder

€
oder

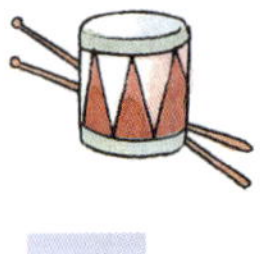
€
oder

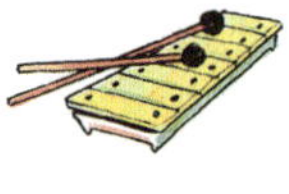
€
oder

€
oder

Geldbeträge legen; verschiedene Möglichkeiten erörtern.

1

3 € + ☐ € = ☐ €

☐ € + ☐ € = ☐ €

2

☐ € + ☐ € = ☐ €

☐ € + ☐ € = ☐☐ €

3

☐ € + ☐ € = ☐ €

☐ € + ☐ € = ☐ €

4

☐ € + ☐ € = ☐ €

☐ € + ☐ € = ☐ €

5

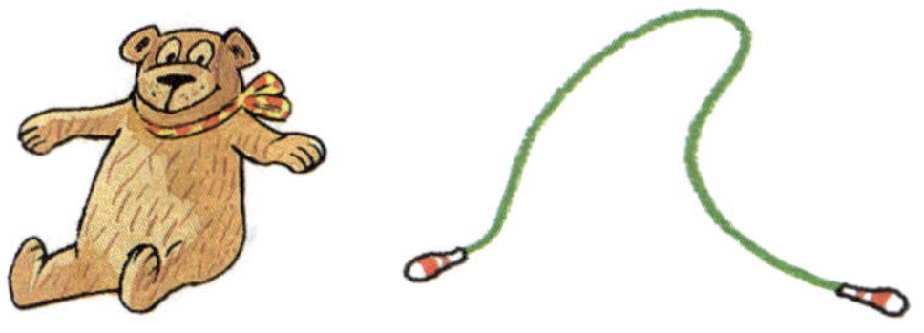

☐ € + ☐ € = ☐ €

☐ € + ☐ € = ☐ €

1 bis 5: Preise aus dem Einstiegsbild entnehmen. Additionsaufgaben lösen.

Würfel, Quader, Kugel

1

2

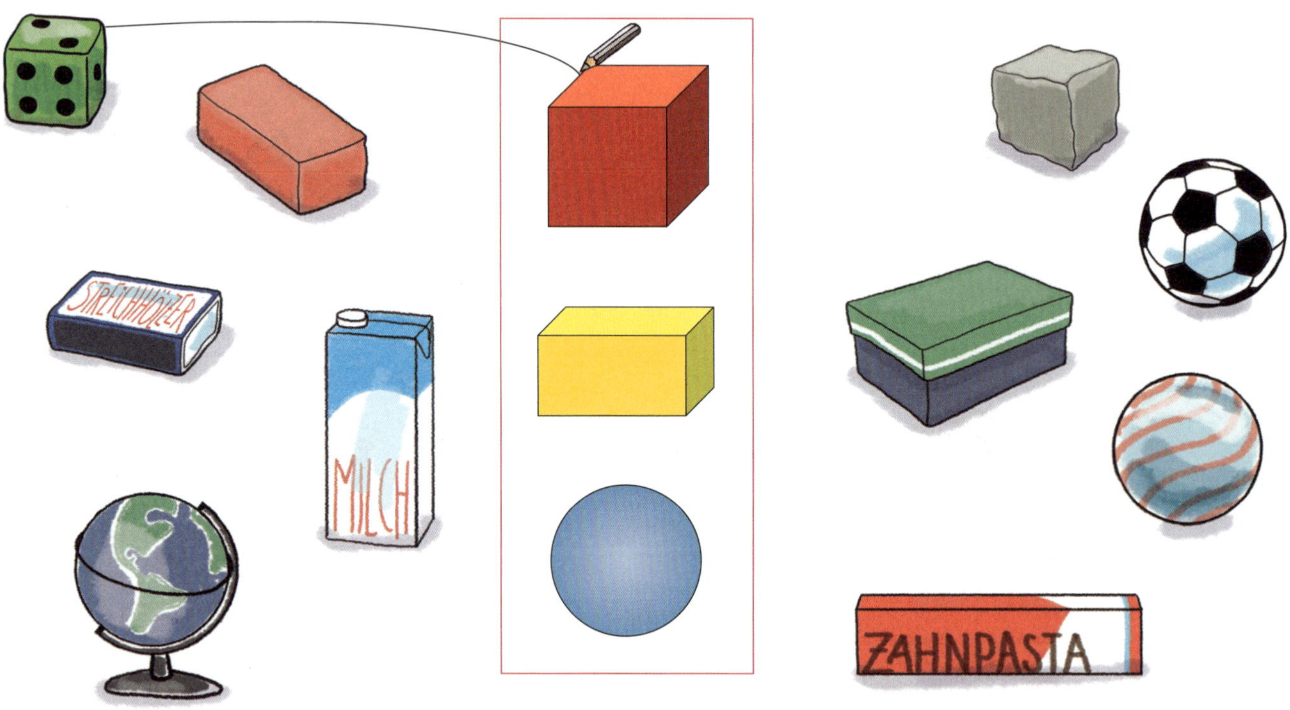

3

1, 2: Gegenstände als Würfel, Quader oder Kugel identifizieren. 3: Würfel, Quader und Kugel aus Knete herstellen.

1

2

3

1: Erkennen: Körper können „gestapelt“ werden, rollen oder stehen. 2: Unterscheiden: „rund“ und „eckig“ in Beziehung zum „Stapeln“, „Rollen“ und „Stehen“. 3: Entscheiden und überprüfen: „rollt“, „steht“, „kippt“.

Bauen mit Würfeln

1

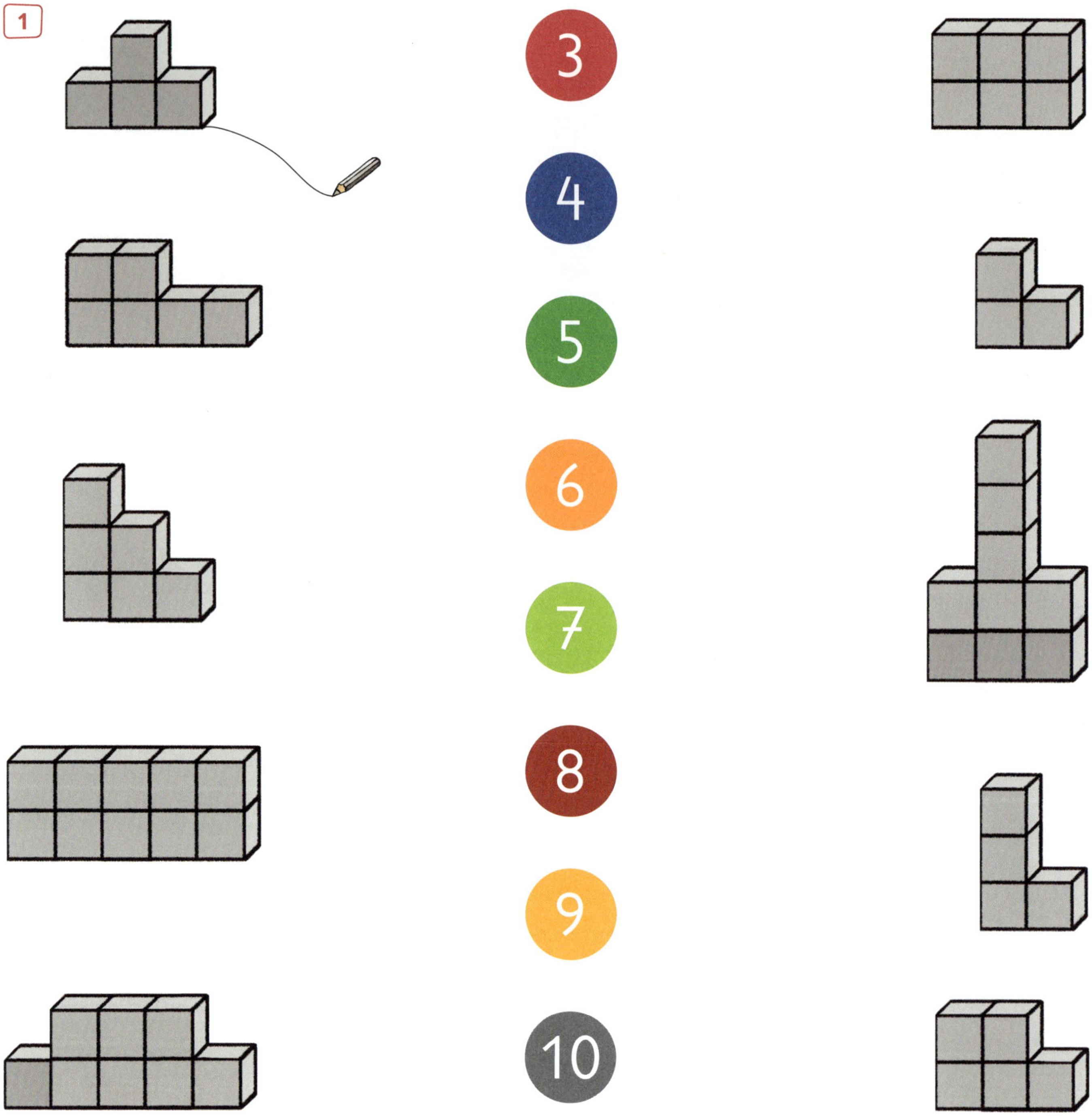

2

Freundeaufgabe – Mit Würfeln bauen

1. Wie viele Würfel sind es?
2. Baue nach.
3. Baue mit den gleichen Würfeln andere Bauten.

1: Bauten der Anzahl der Würfel zuordnen. Nachbauen.
2: Freundeaufgabe in Partnerarbeit lösen. Anzahl der Würfel bestimmen. Mit gleicher Anzahl andere Bauten erstellen. Hinweis SB1 Seite 91

1

		3

2

2	2

3	3

3	2

3	1

3	1	2

1	2	2	1

2	1	3

3	2	1

1: Bauplan schreiben. Nach Bauplan bauen. 2: Bauten den Bauplänen zuordnen. Nach Bauplan bauen.

1

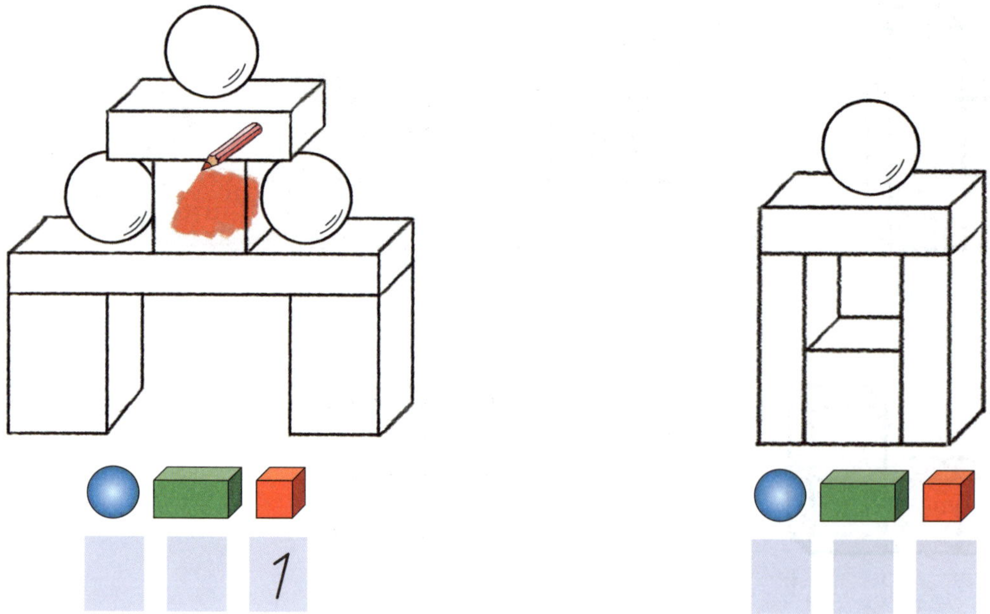

2

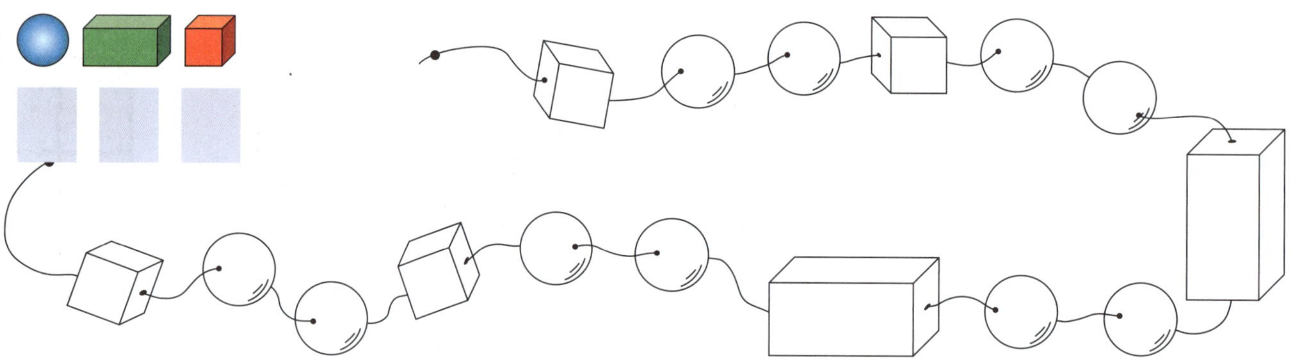

3

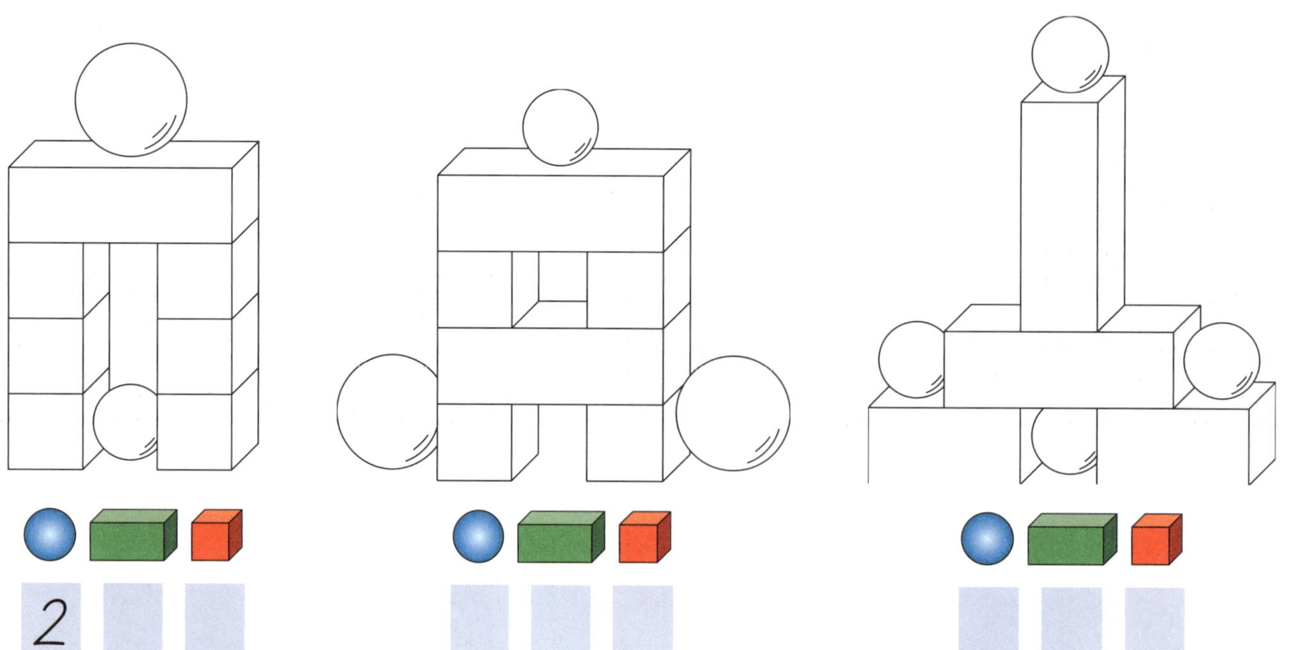

1 bis 3: Kugel, Würfel, Quader nach Farbvorgabe ausmalen und zählen. Anzahl aufschreiben.

1

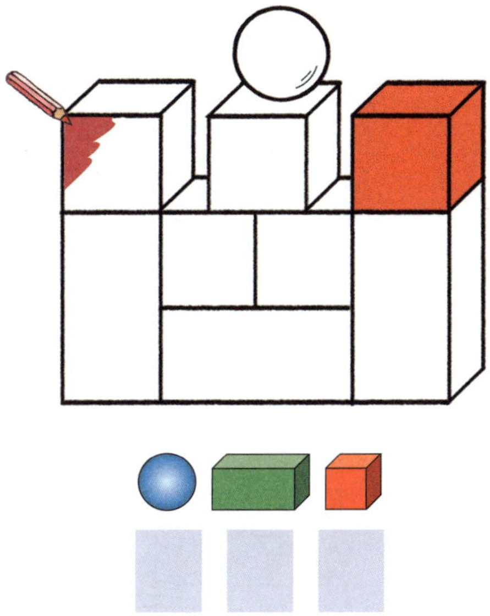

2

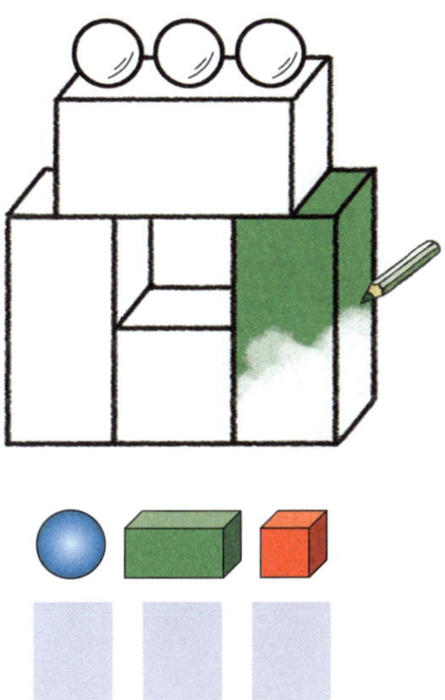

3

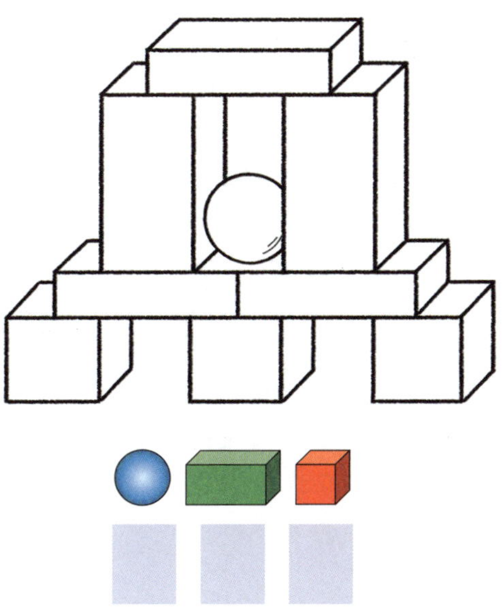

4

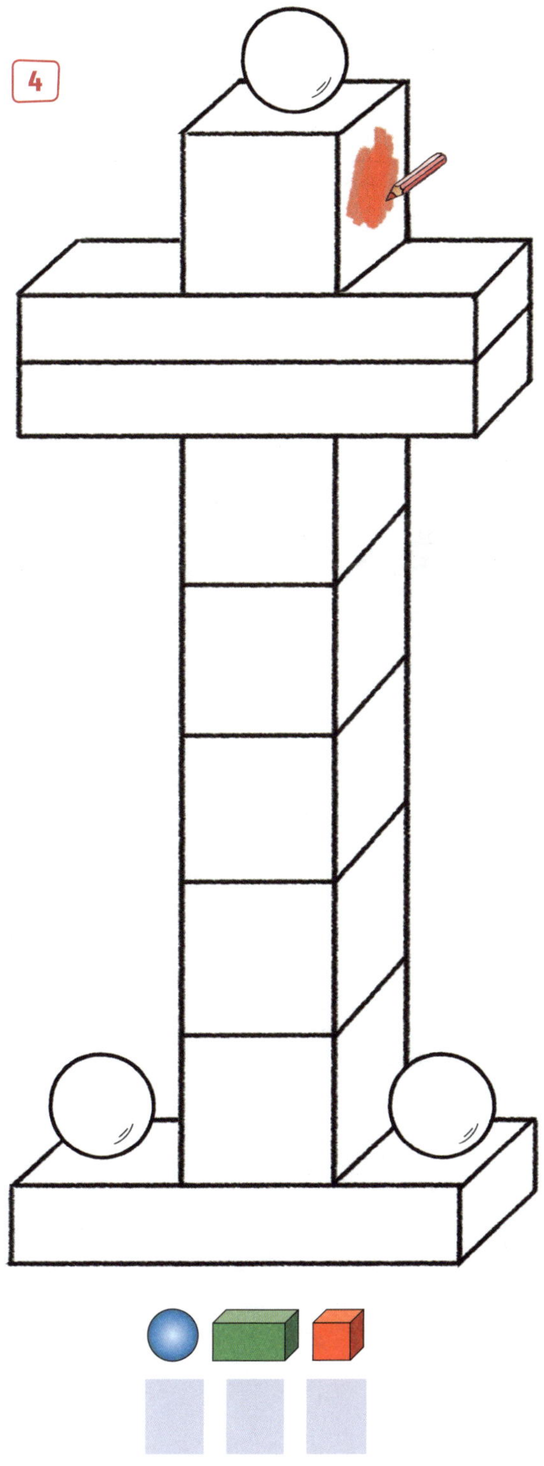

1 bis 4: Kugel, Würfel, Quader nach Farbvorgabe ausmalen und zählen. Anzahl aufschreiben.

Kann ich das schon?

1

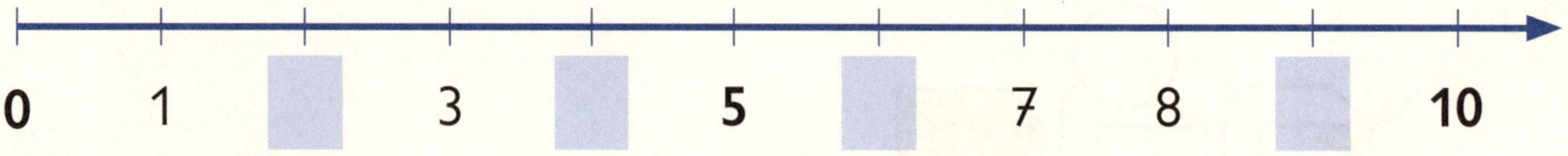

2

V	Z	N
	4	

V	Z	N
	2	

V	Z	N
	1	

V	Z	N
	3	

V	Z	N
	9	

3

V	Z	N
2		

V	Z	N
8		

V	Z	N
		5

V	Z	N
6		

V	Z	N
		2

4

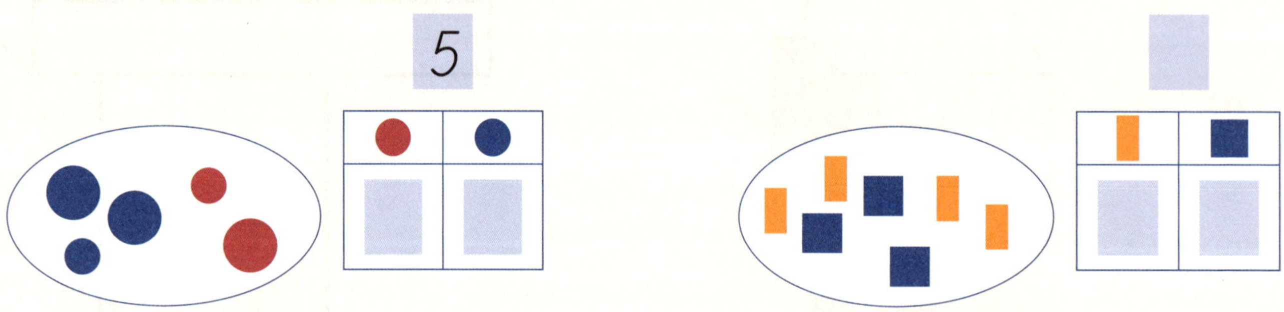

5

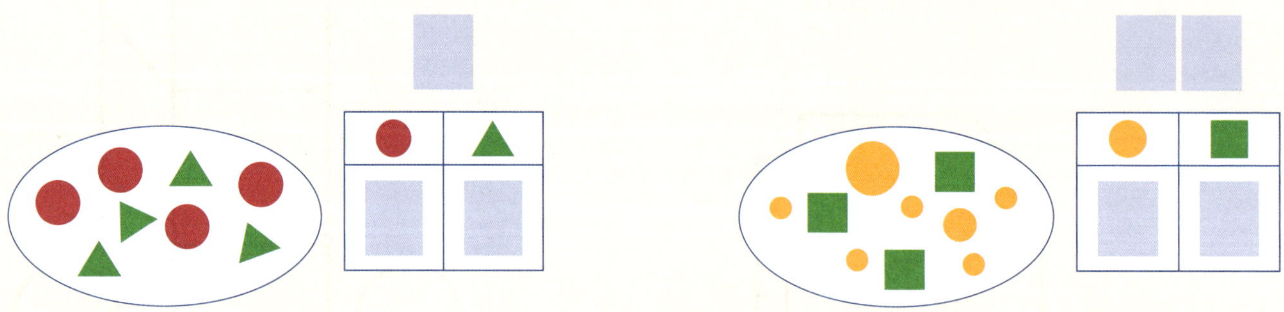

Setze das richtige Zeichen: < = >.

6

6 ◯ 3　　3 ◯ 4　　5 ◯ 3

0 ◯ 2　　5 ◯ 6　　6 ◯ 3

Kann ich das schon?

1

___ + ___ = ___

___ − ___ = ___

___ − ___ = ___

___ + ___ = ___

2

1 5 6

___ + ___ = 6 ___ − ___ = ___

___ + ___ = 6 ___ − ___ = ___

3 7 10

___ + ___ = ___ ___ − ___ = ___

___ + ___ = ___ ___ − ___ = ___

3

6 ct + 4 ct = ___ ct

7 ct + 3 ct = ___ ct

5 ct + 5 ct = ___ ct

4

10 € − 4 € = ___ €

8 € − 6 € = ___ €

9 € − 9 € = ___ €

5

7 € + 0 € = ___ €

3 € + 5 € = ___ €

9 € − 7 € = ___ €

6

	7	
1		

	___	
4		5

	8	
4		___

	10	
___		3

7

___

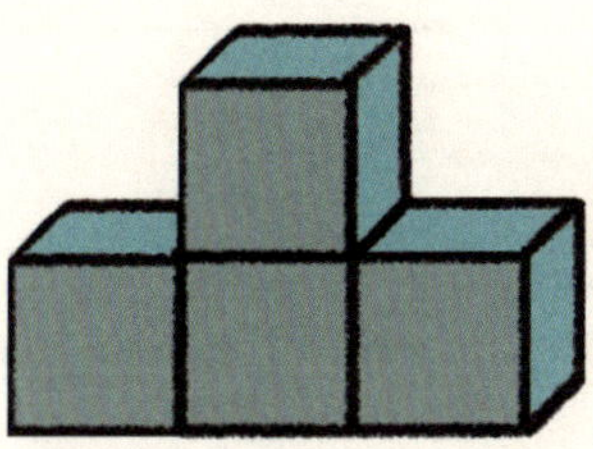

___

___

Verdoppeln

1

3

3 + __ = __

2

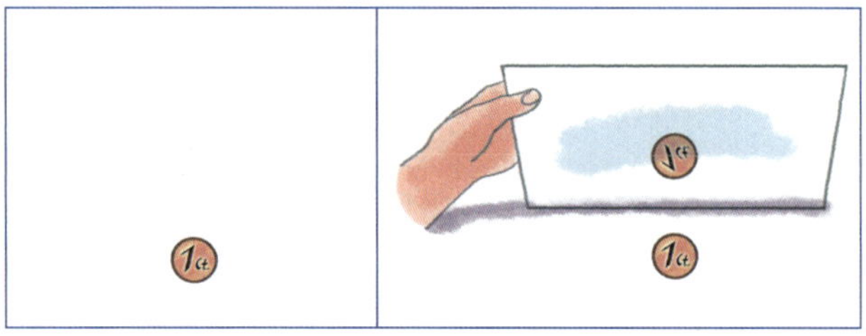

__   __ + __ = __

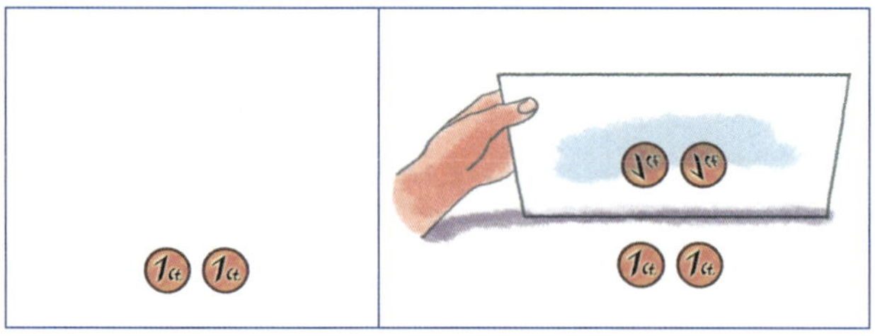

__   __ + __ = __

3

__   __ + __ = __

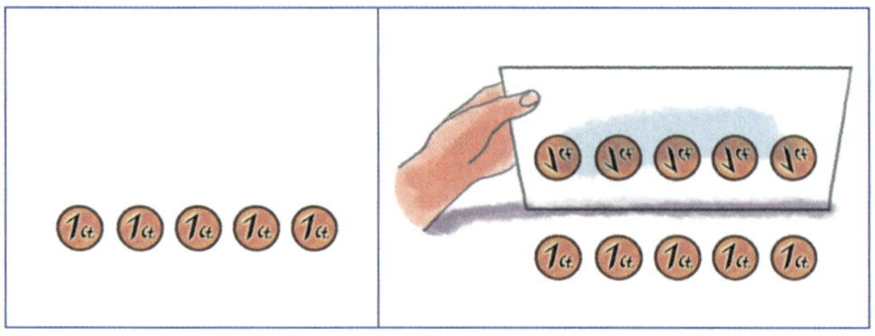

__   __ + __ = __ __

4

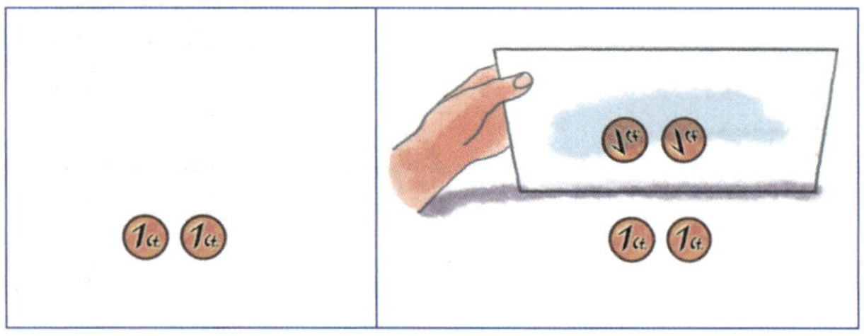

__   __ + __ = __

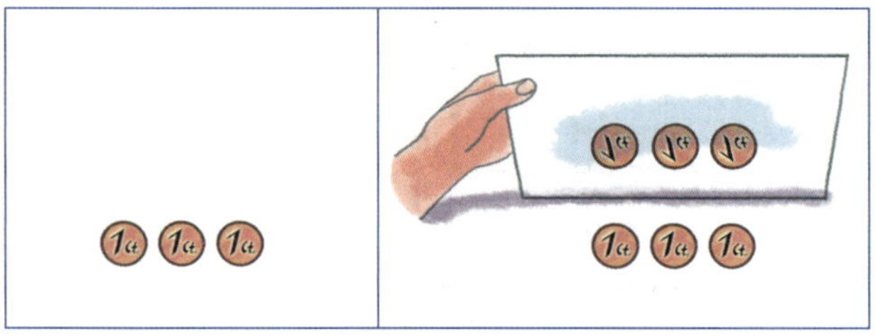

__   __ + __ = __

1: Zur Abbildung sprechen. Aufgabe vervollständigen und lösen. 2 bis 4: Anzahl vor und nach der Spiegelung bestimmen. Aufgabe vervollständigen und lösen.

1

☐ ☐ + ☐ = ☐

2 Verdopple mit dem Spiegel.

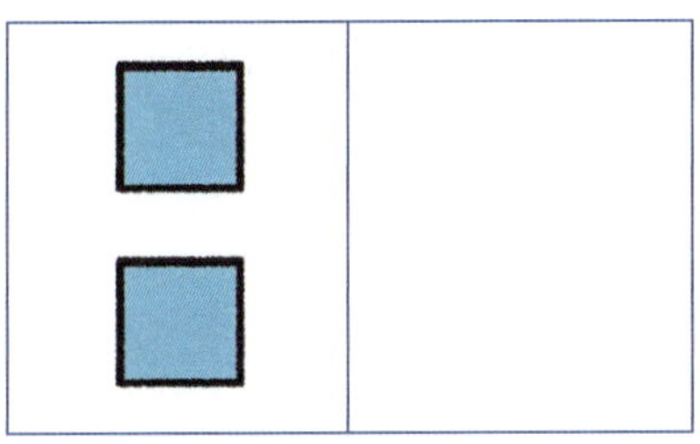

2 + 2 = ☐

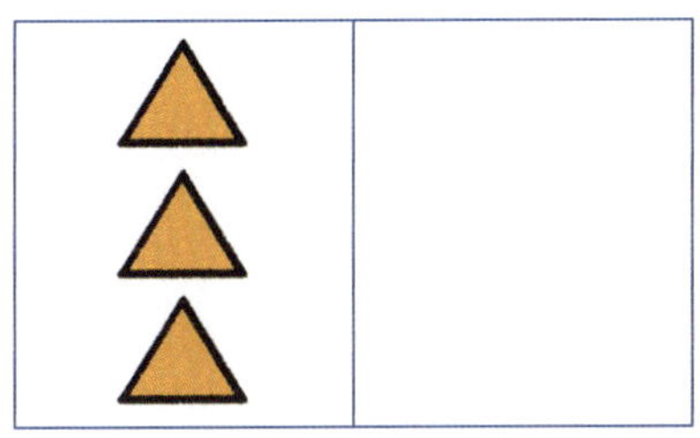

3 + ☐ = ☐

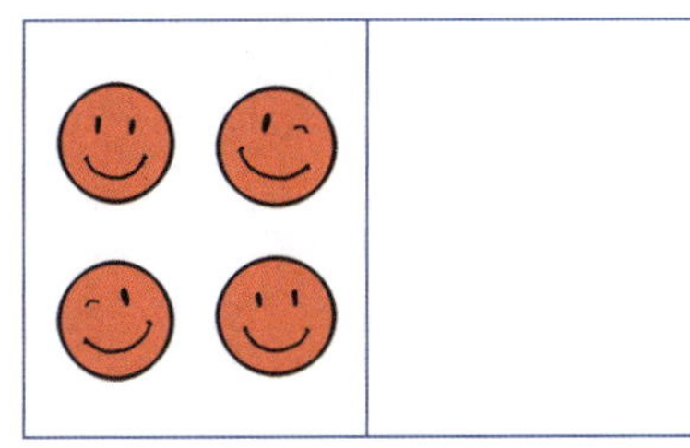

☐ + ☐ = ☐

3 Verdopple und zeichne ein.

2 + 2 = ☐

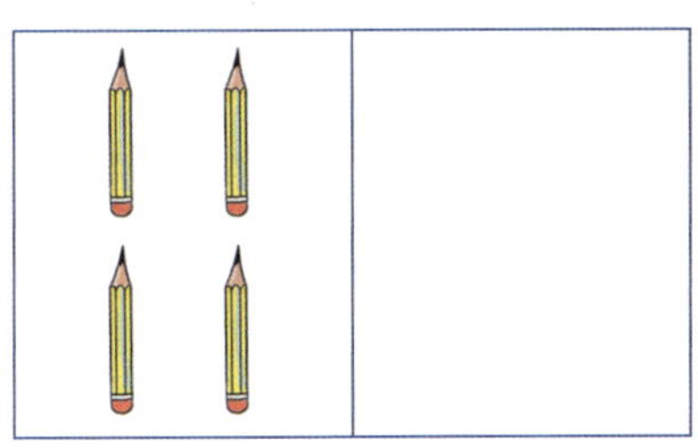

4 + ☐ = ☐

☐ + ☐ = ☐

4 Verdopple und zeichne ein.

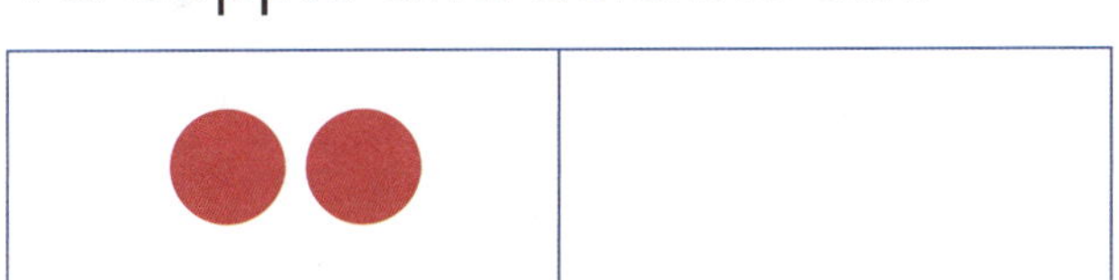

2 + ☐ = ☐

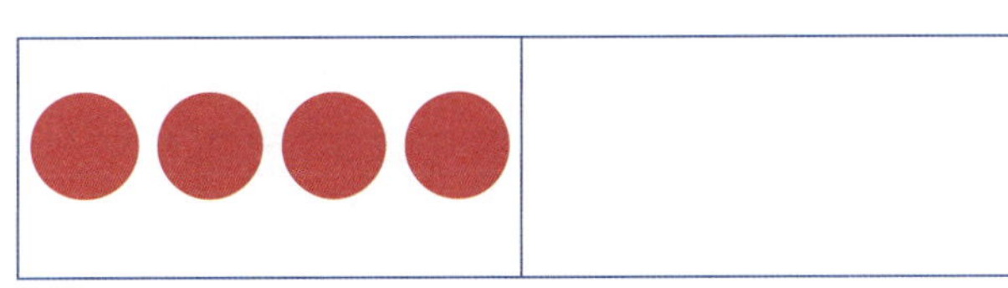

☐ + ☐ = ☐

1: Zum Foto sprechen. Aufgabe vervollständigen und lösen. 2: Verdoppeln mit dem Spiegel. Aufgabe finden und lösen.
3, 4: Verdoppeln ohne Spiegel. Aufgabe finden und lösen.

Halbieren

1

2

3

4

1 bis 4: Zu den Abbildungen sprechen. Zahlen den Mengen zuordnen.

1

10 = ☐ + ☐

2 Halbiere.

2 = 1 + ☐

4 = ☐ + ☐

☐☐ = ☐ + ☐

3 Halbiere.

☐ = ☐ + ☐

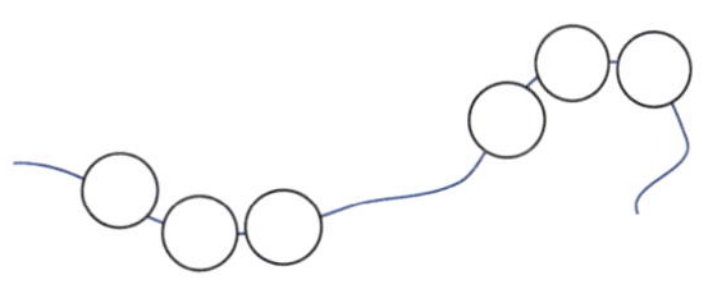

☐ = ☐ + ☐

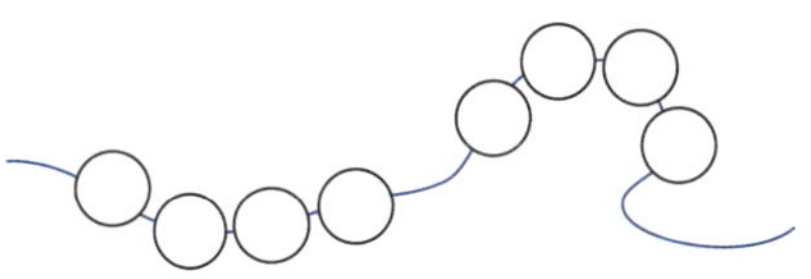

☐ = ☐ + ☐

4 Halbiere.

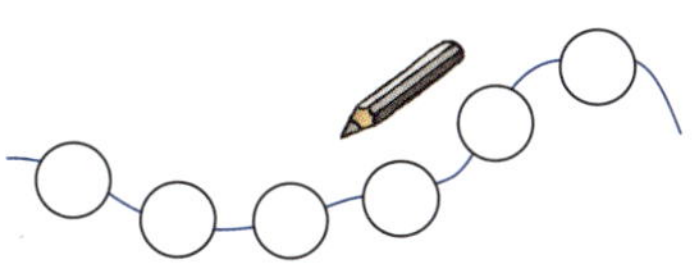

☐ = ☐ + ☐

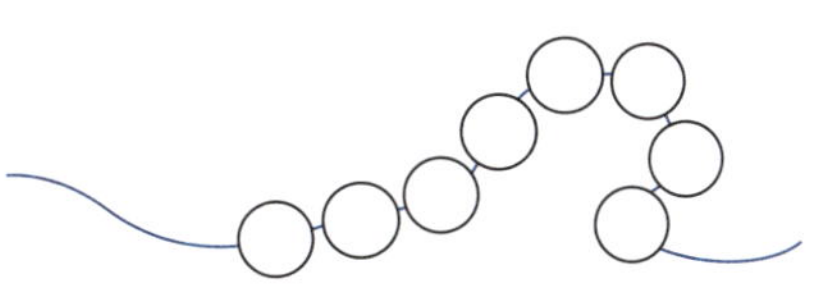

☐ = ☐ + ☐

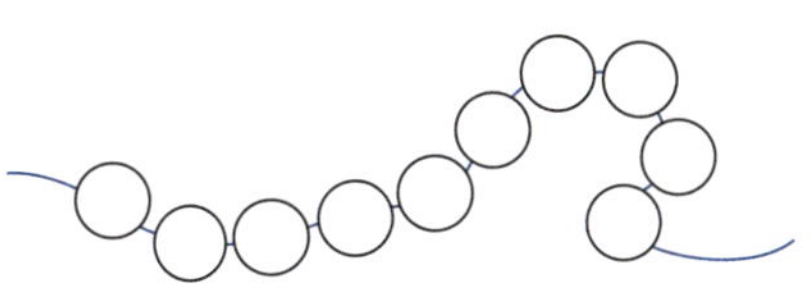

☐☐ = ☐ + ☐

5 Halbiere.

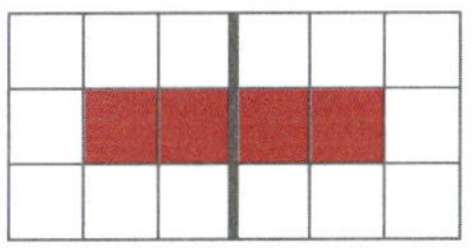

☐ = ☐ + ☐

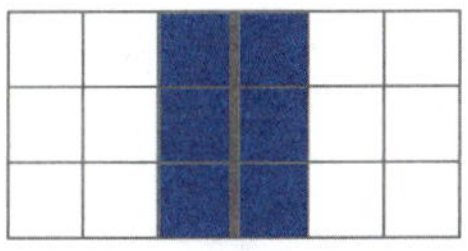

☐ = ☐ + ☐

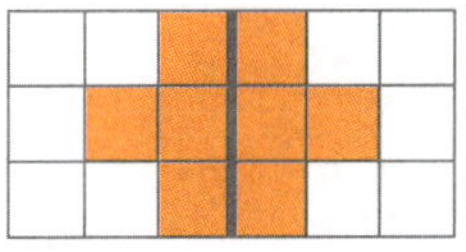

☐ = ☐ + ☐

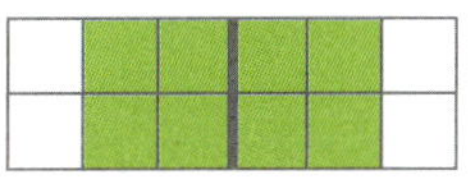

☐ = ☐ + ☐

1 bis 5: Halbieren darstellen. Aufgabe zuordnen.

Gerade und ungerade Zahlen

2, 4, 6, 8, 10,
sind **gerade** Zahlen.

1, 3, 5, 7, 9
sind **ungerade** Zahlen.

1

2

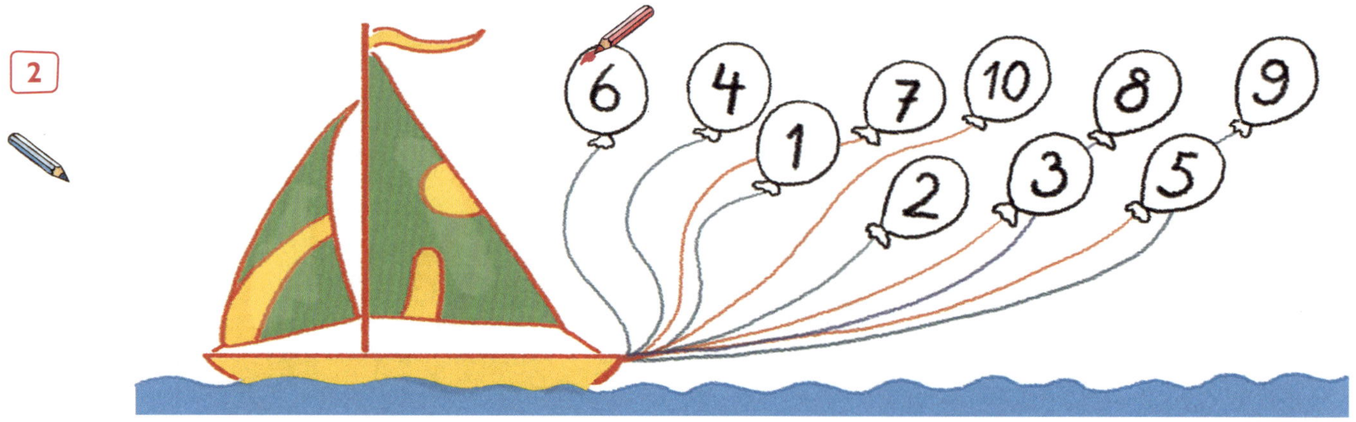

1: Anzahl der Würfel bestimmen. Rote Zahl (gerade Z.) oder blaue Zahl (ungerade Z.) zuordnen. 2: Gerade und ungerade Zahlen identifizieren. Ballons mit entsprechender Farbe ausmalen.

1

ungerade Zahlen	**gerade** Zahlen
3 1 9 7 5	4 6 10 8 2

1 + 2 = 3
4 + 1 =
5 + 2 =
0 + 1 =
6 + 3 =

2 + 2 = 4
4 + 4 =
1 + 5 =
0 + 2 =
5 + 5 =

2

	2		4		6		8		10

1		3		5		7		9	

10		8		6		4		2	

	9		7		5		3		1

	2	

	6	

	5	

	7	

	4		6	

3

3	4	10	5	9	6	8
	7		2		1	

1: Aufgabe lösen. Ergebnis als gerade oder ungerade Zahl farblich kennzeichnen. 2: Zahlenbänder vervollständigen. 3: Zahlenfelder entsprechend der Farbe für gerade bzw. ungerade Zahlen ausmalen.

Rechengeschichten – Am Strand

1

☐ + ☐ = ☐☐

2

10 ◯ ☐ = ☐

3

☐ ◯ ☐ = ☐

4

3 + ☐ = ☐

5

5 − ☐ = ☐

6

5 + ☐ = ☐

1 bis 6: Zu den Bildgruppen sprechen. Aufgaben lösen.

1

☐ ◯ ☐ = ☐

2

☐ + ☐ = ☐

3

8 – ☐ = ☐

4

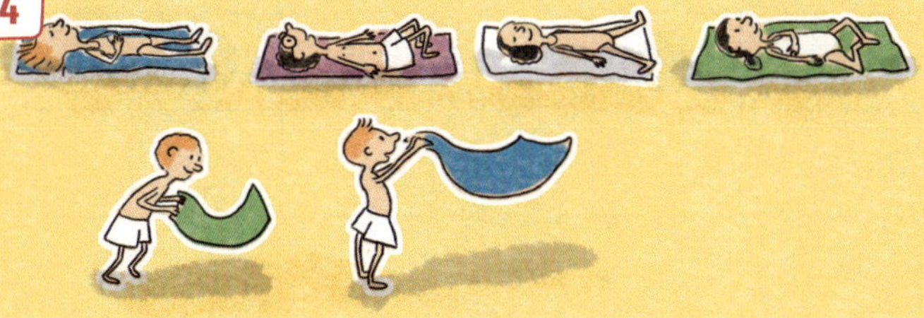

☐ + ☐ = ☐

5

7 – ☐ = ☐

6

☐ – ☐ = ☐

Dreieck, Viereck, Kreis

1

2

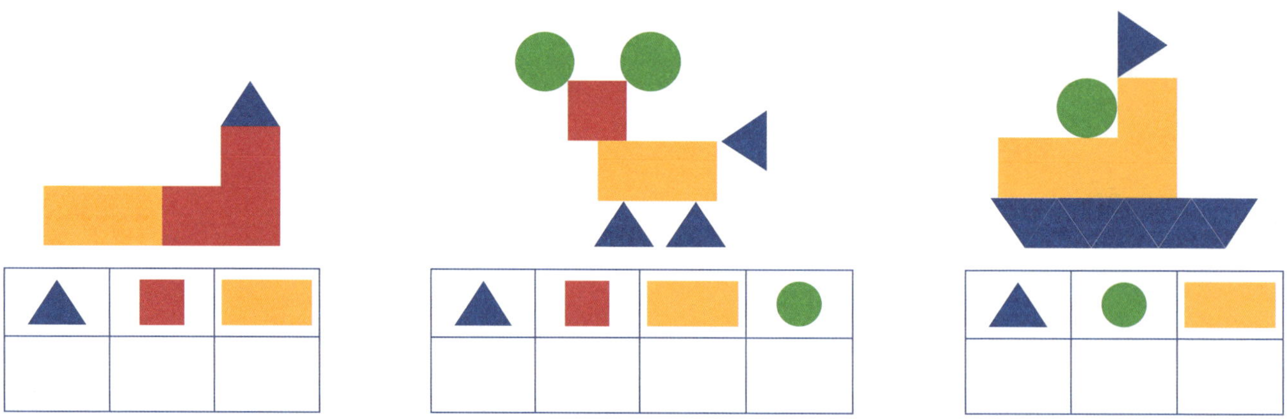

3

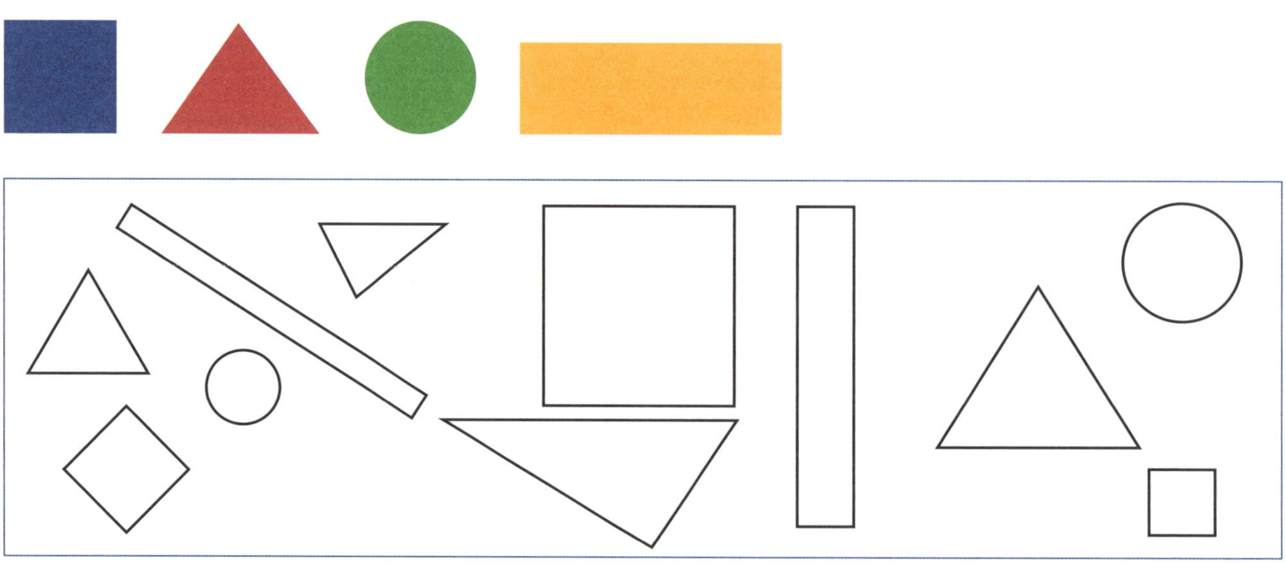

1: Figuren erkennen und unterscheiden. 2: Figuren erkennen, benennen und Anzahl bestimmen und aufschreiben.
3: Figuren erkennen und mit der angegebenen Farbe ausmalen.

1

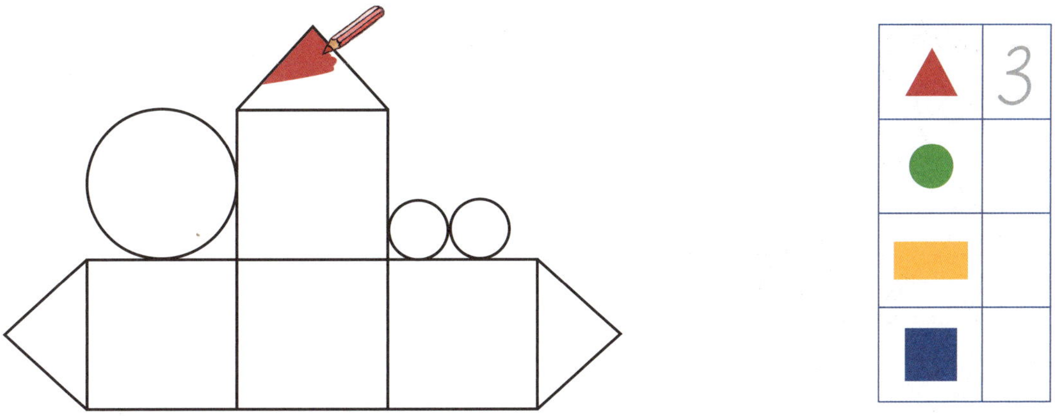

2

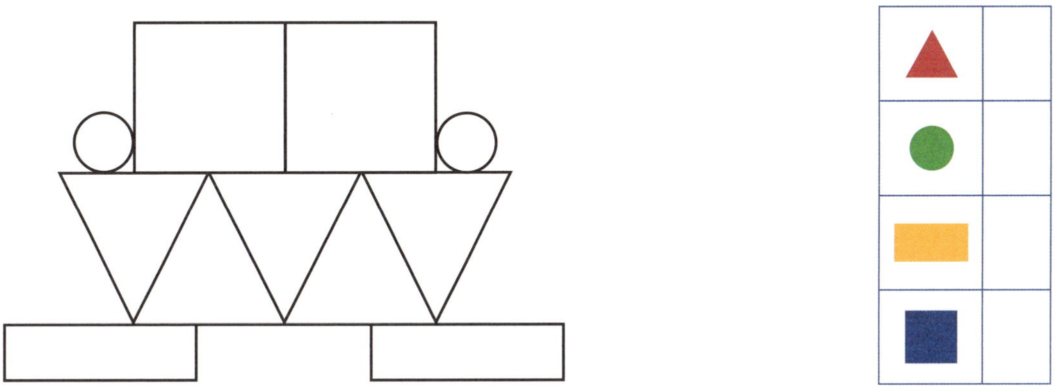

3

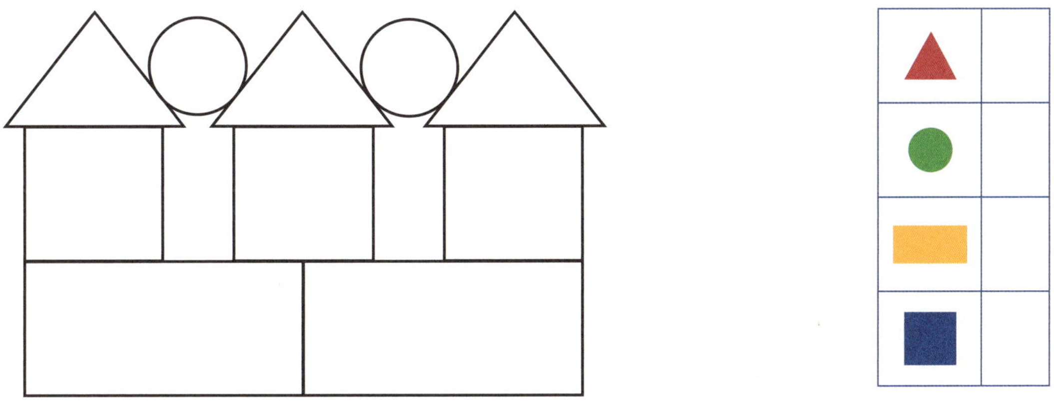

4

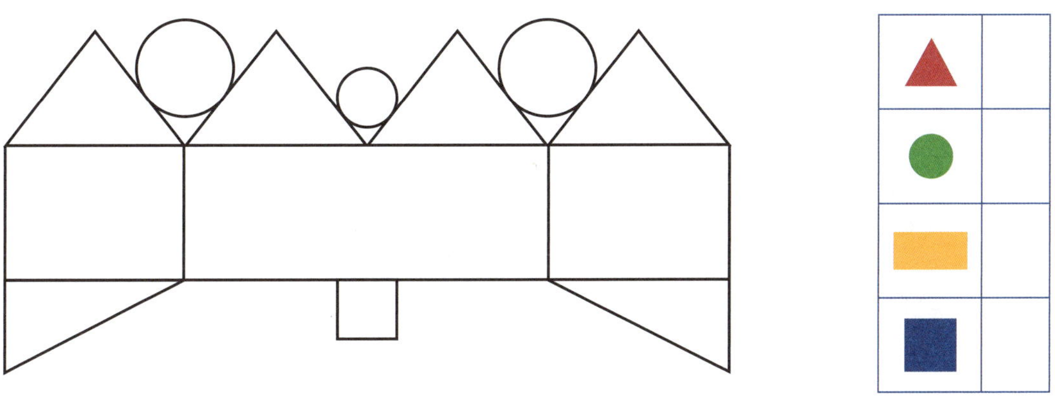

1 bis 4: Ausmalen der Figuren nach Vorgabe. Anzahl der jeweiligen Figur bestimmen und aufschreiben. Nachlegen der Figuren mit Plättchen.

Figuren legen

1

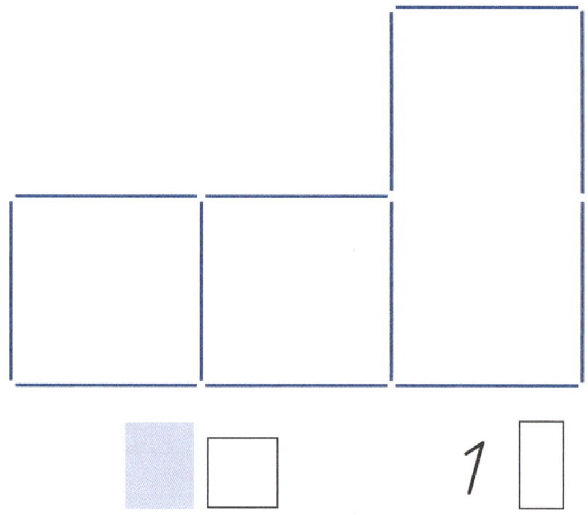

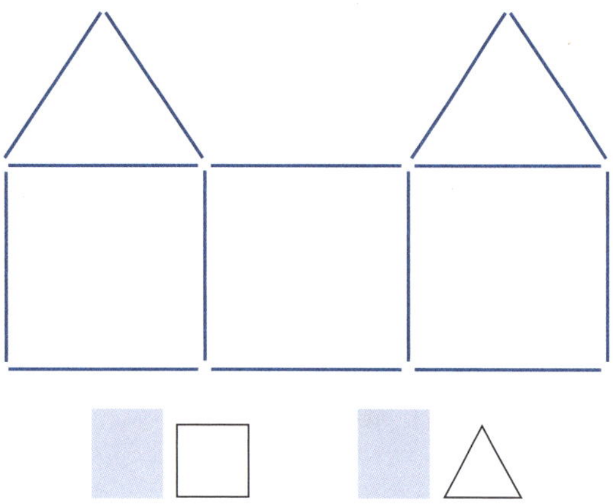

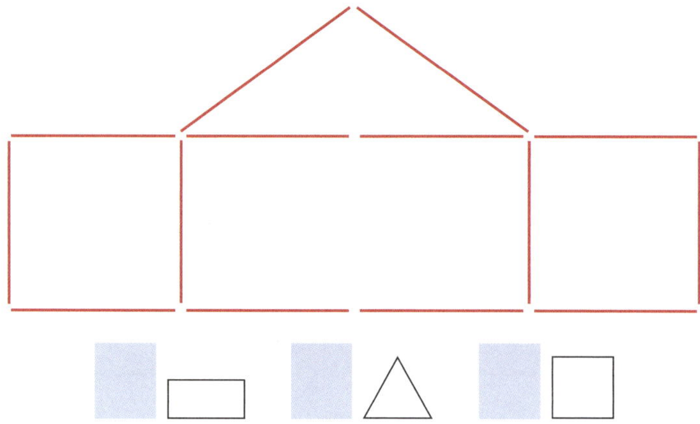

2

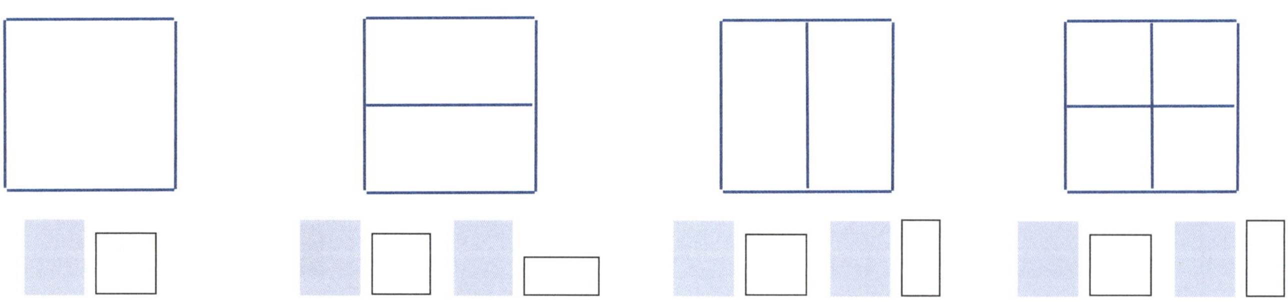

3

1: Figuren mit Stäbchen nachlegen. Figuren nennen und Anzahl angeben. 2, 3: Quadrat/Rechteck nachlegen. Zerlegung erfassen. Entstandene Figuren zeigen, benennen, Anzahl der Figuren angeben.

1

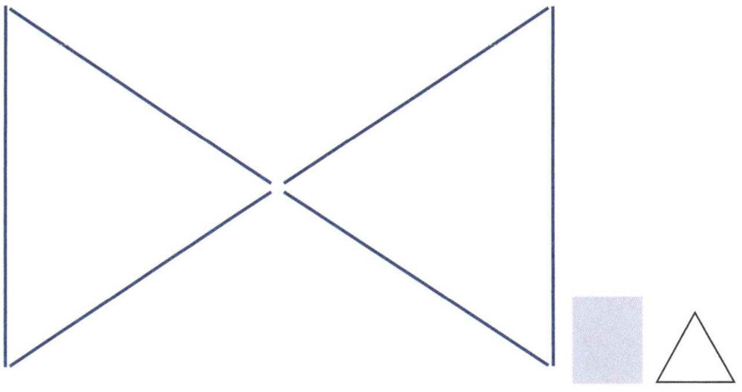

2

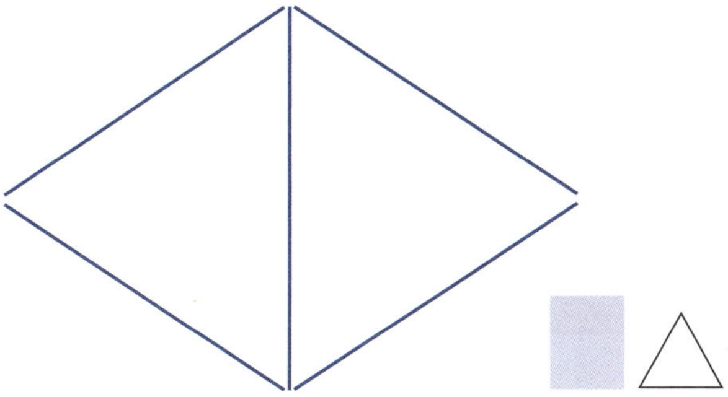

3

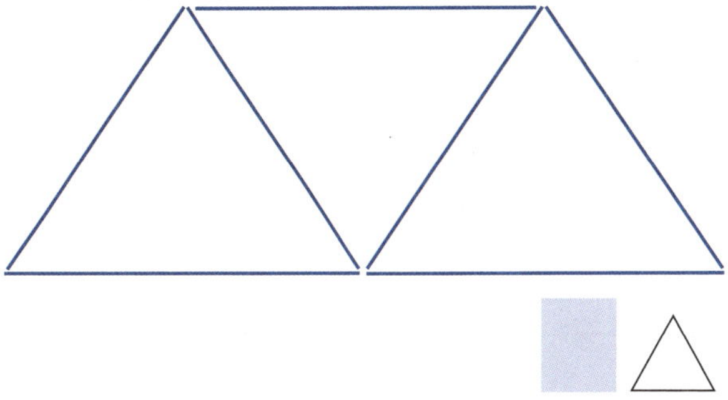

4

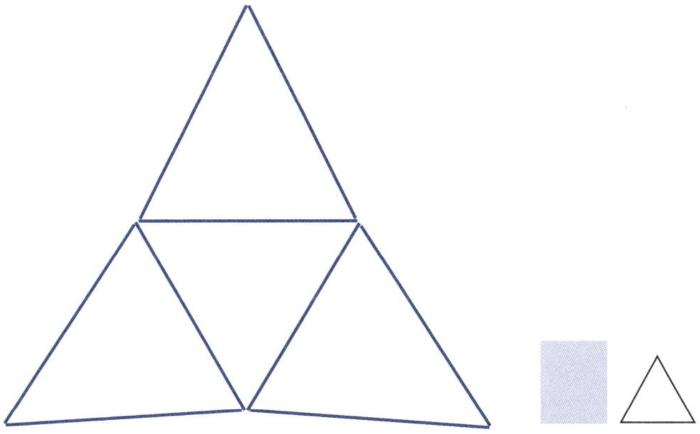

5

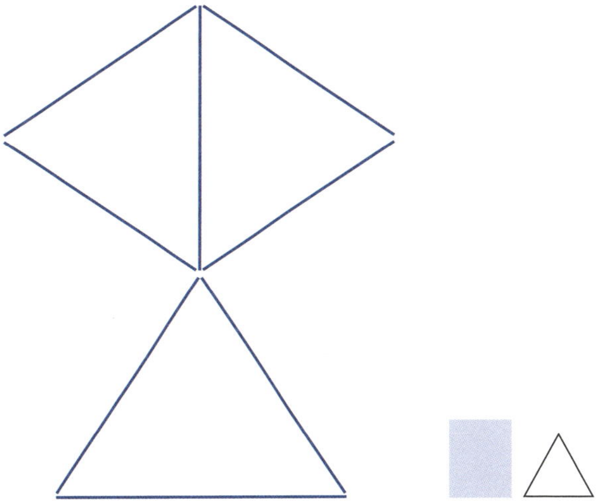

6

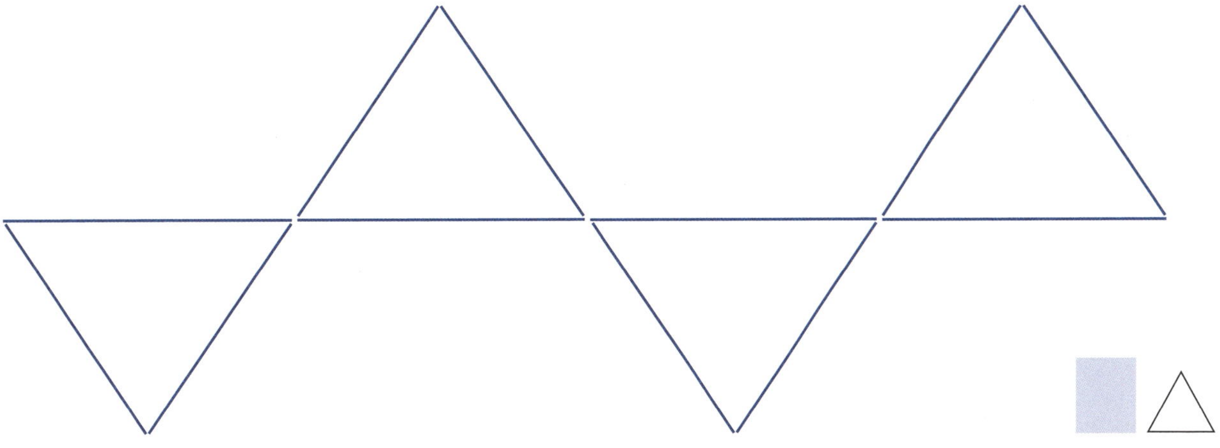

1 bis 6: Dreiecke erkennen, umranden/nachspuren und zählen. Figuren mit Stäbchen nachlegen.

Figuren auslegen

1

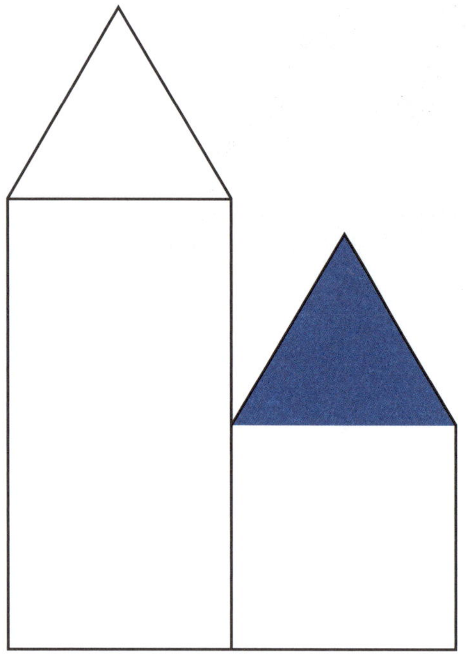

2

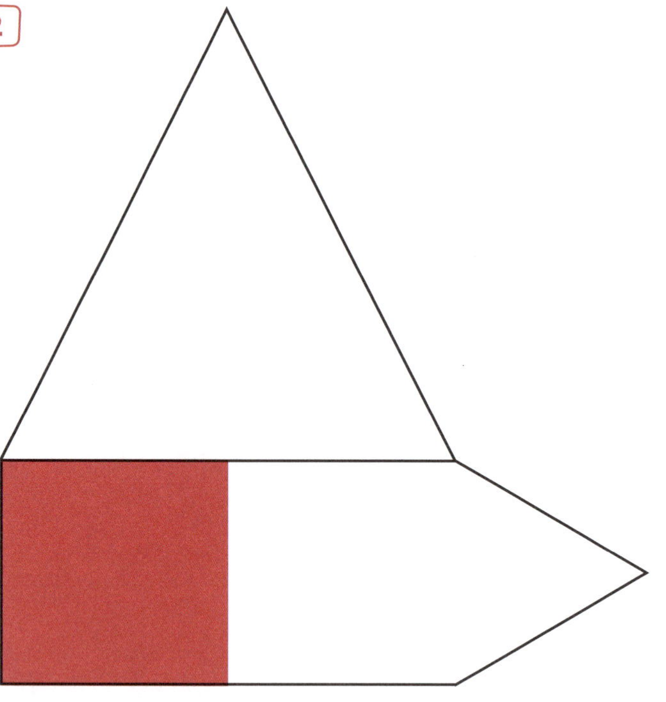

3

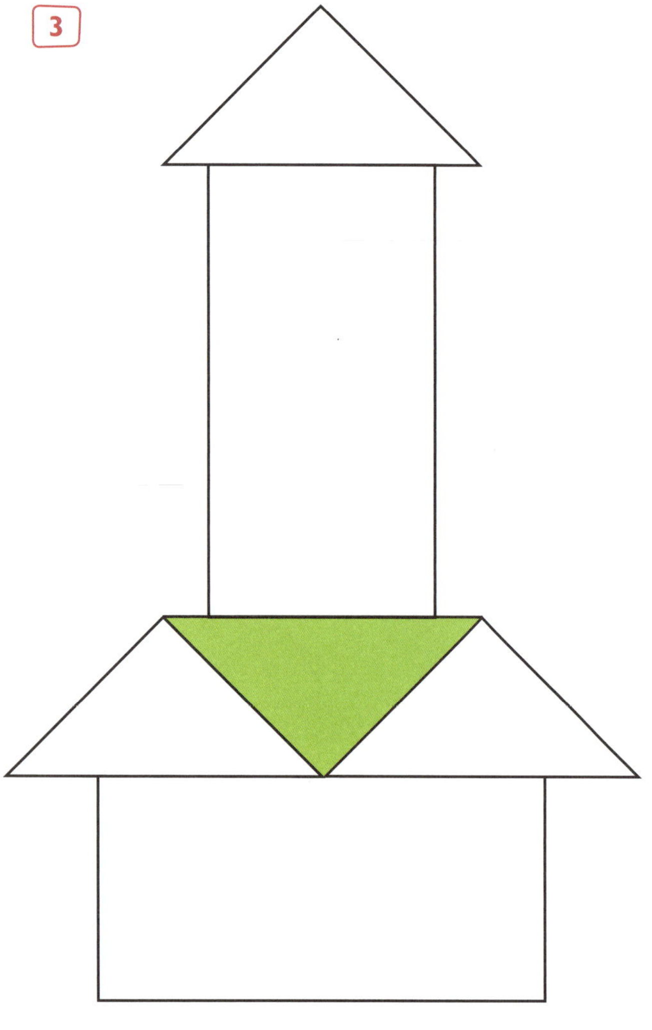

4

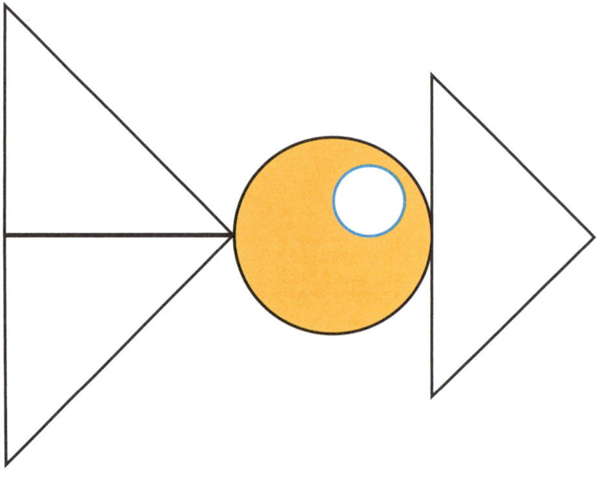

1 bis 4: Figuren mit Legeplättchen auslegen. Über verschiedene Möglichkeiten sprechen.

1

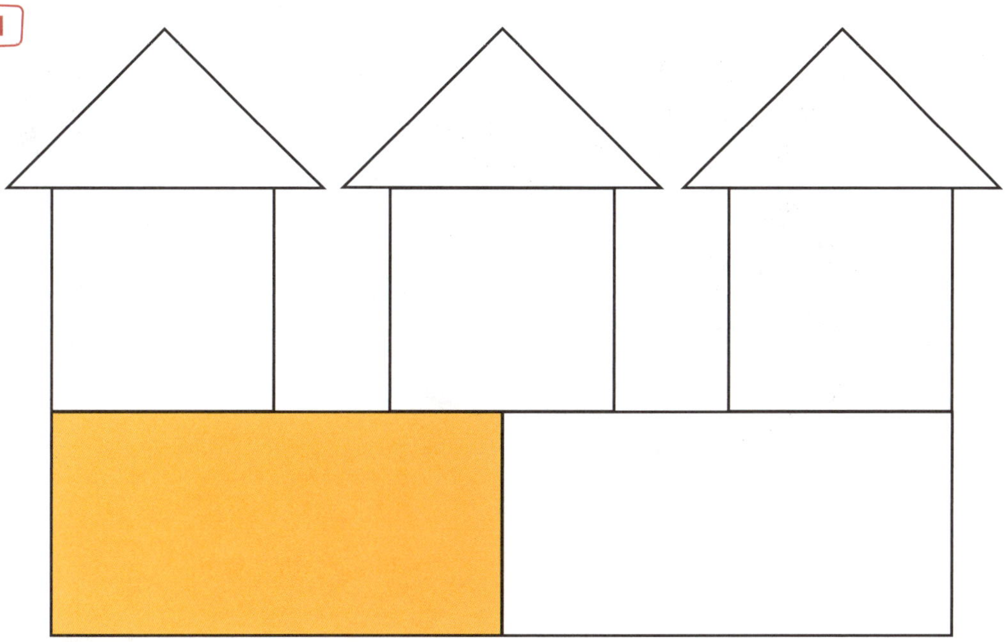

2

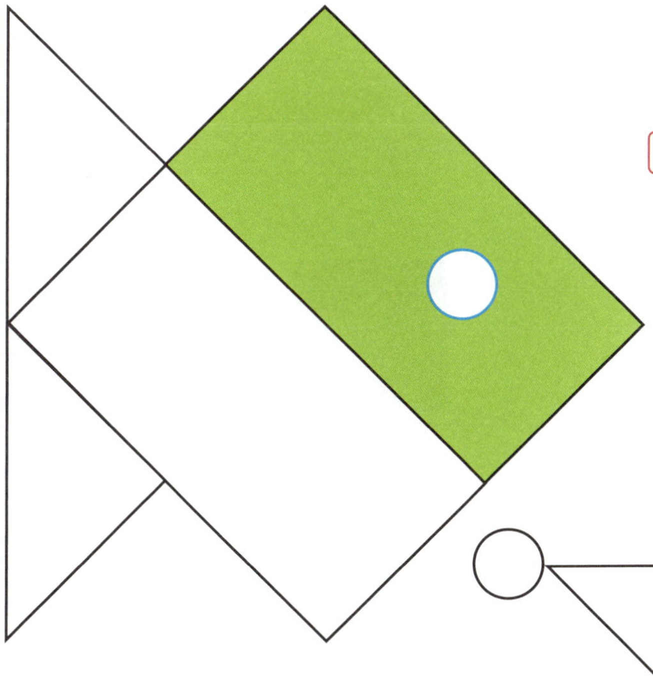

3

1 bis 3: Figuren mit Legeplättchen auslegen. Über verschiedene Möglichkeiten sprechen.

Falten und Muster legen

1

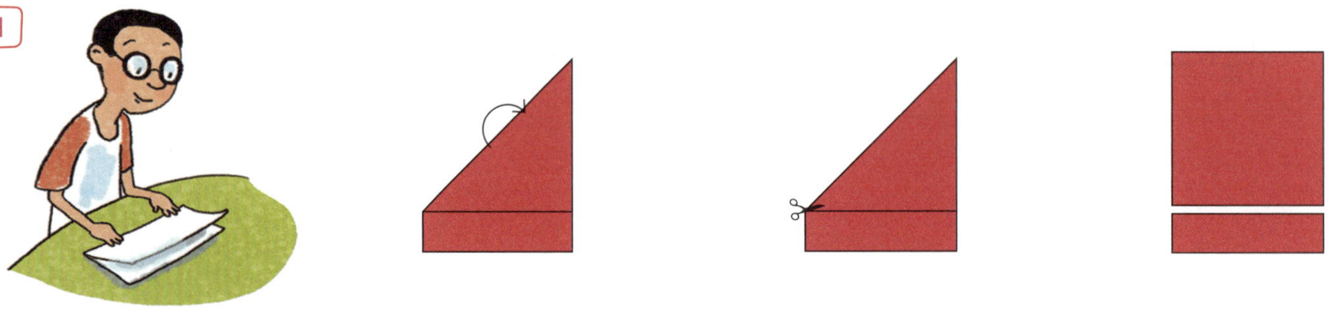

2

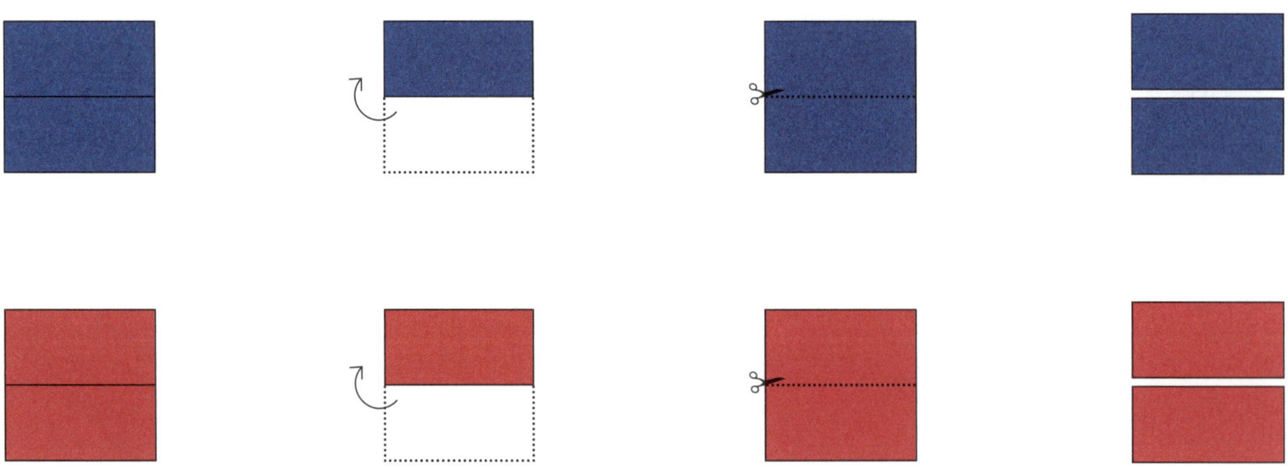

3

1: Quadrat herstellen. 2. Quadrat in Rechtecke zerlegen. 3: Muster mit Rechtecken legen.

1

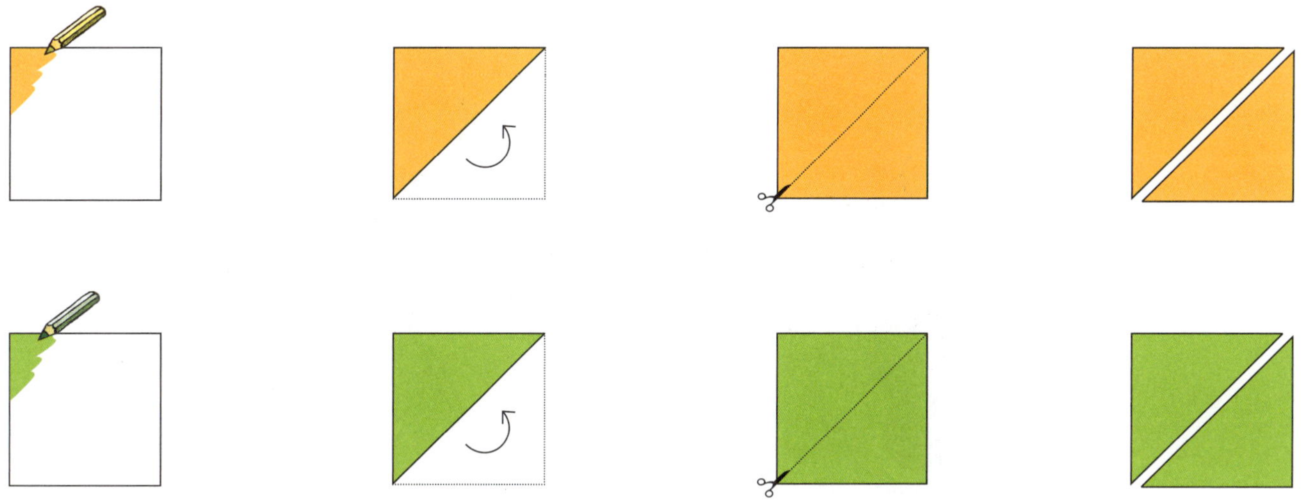

2

3

4

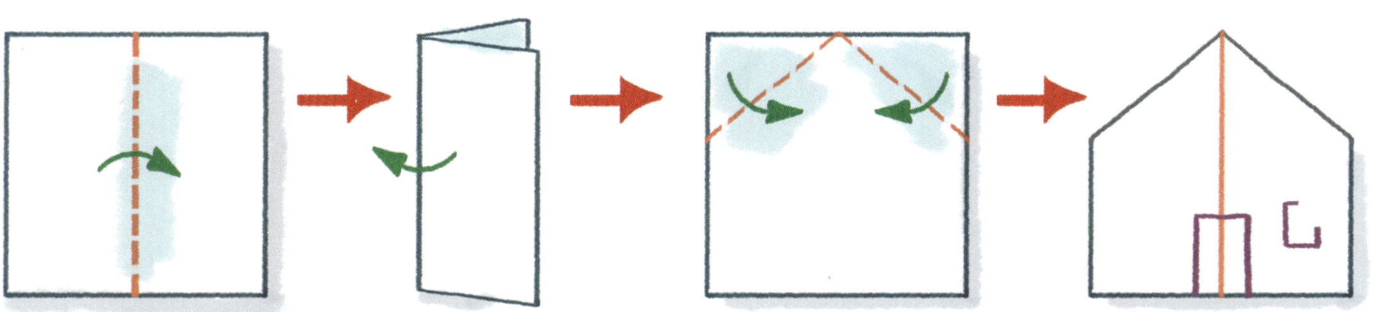

1: Quadrat in Dreiecke zerlegen. 2: Muster mit den Dreiecken legen. 3: Schiff falten. 4. Haus falten.

Das Geobrett

1

2

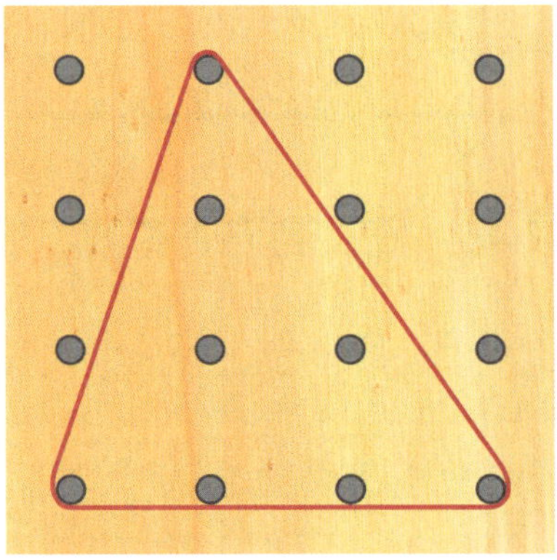

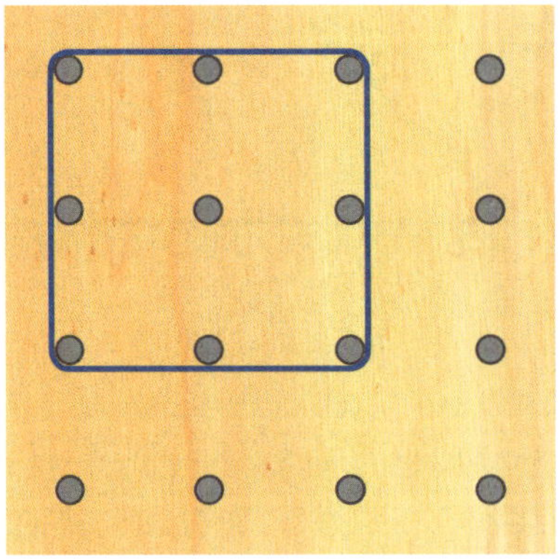

3

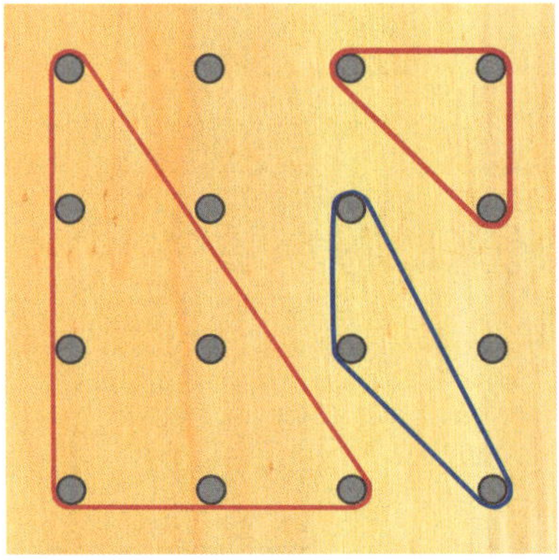

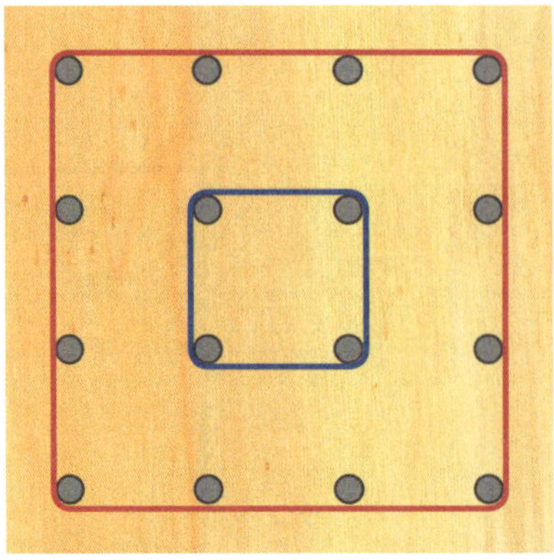

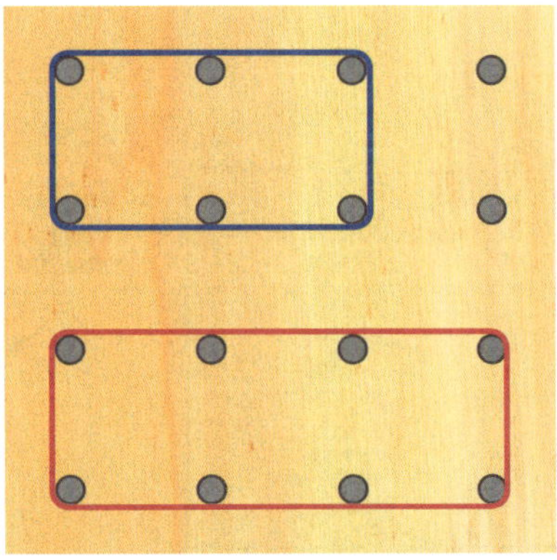

1: Figuren im Einstiegsbild erkennen und nennen. 2: Dreieck, Quadrat und Rechteck erkennen und nachspannen. 3: Jede Figur in verschiedenen Größen nachspannen. Verschiedene Möglichkeiten besprechen.

1

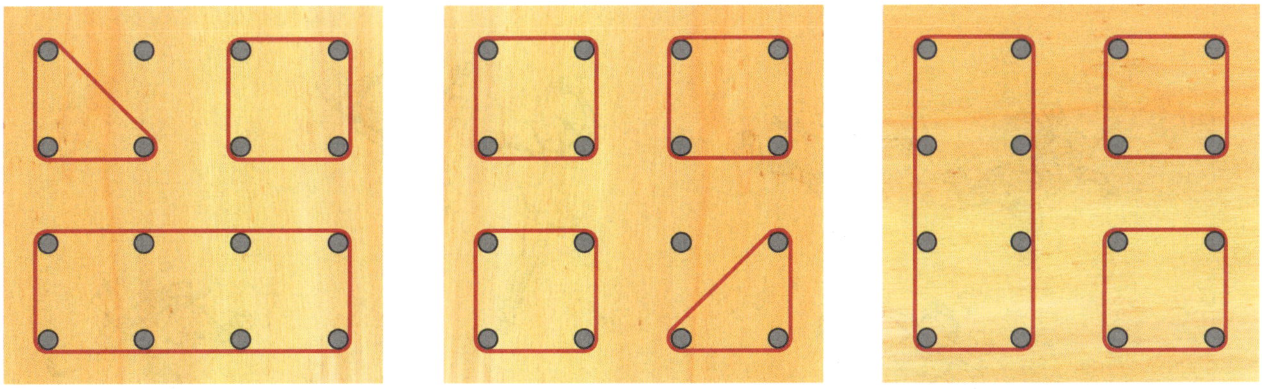

1 △ □ ▯ △ □ ▯ △ □ ▯

2

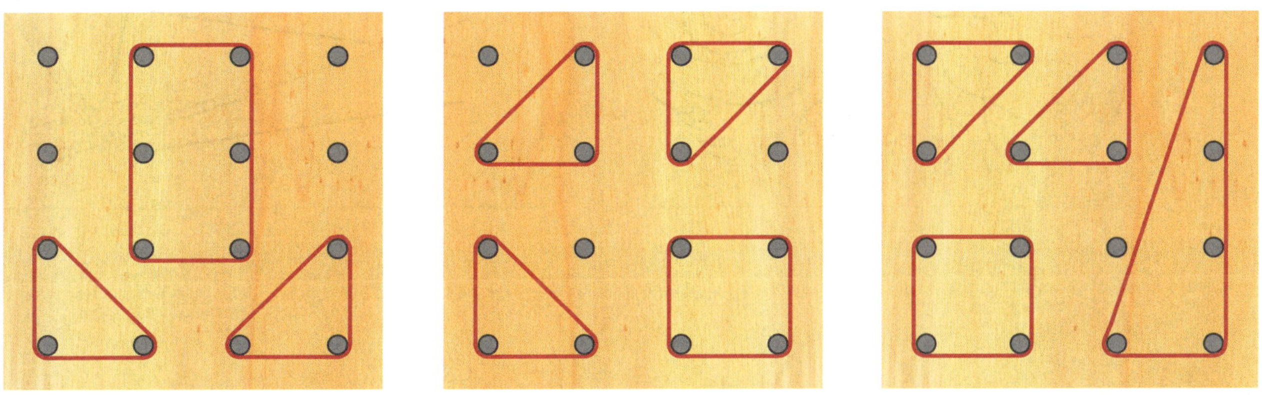

△ □ ▯ △ □ ▯ △ □ ▯

3

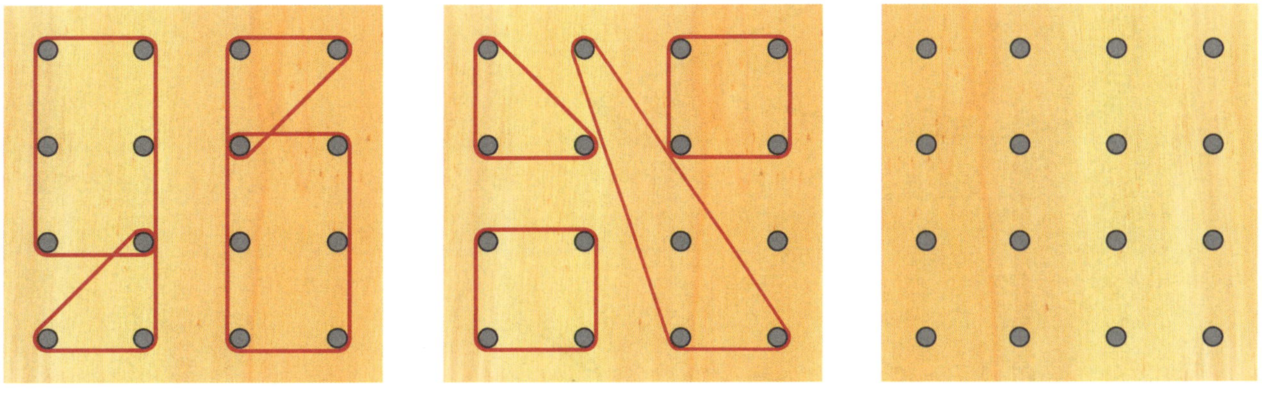

△ □ ▯ △ □ ▯ △ □ ▯

1 bis 3: Figuren nachspannen. Anzahl der Dreiecke, Quadrate und Rechtecke aufschreiben. Eine Figur erfinden und einzeichnen.

Gekrümmte und gerade Linien

1

2

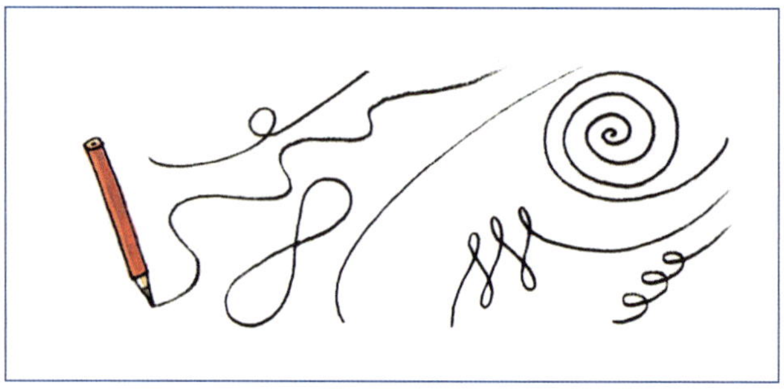

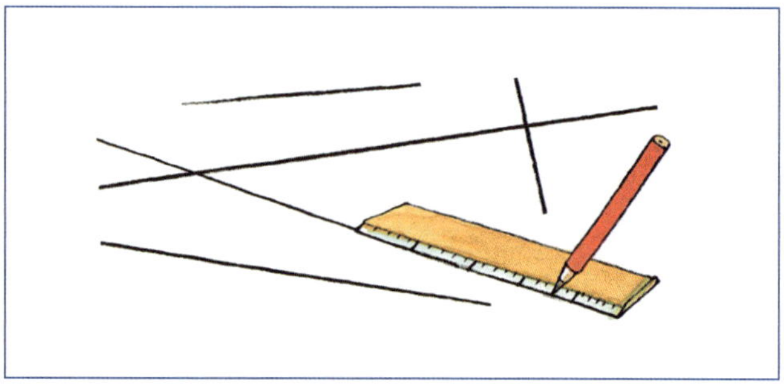

3

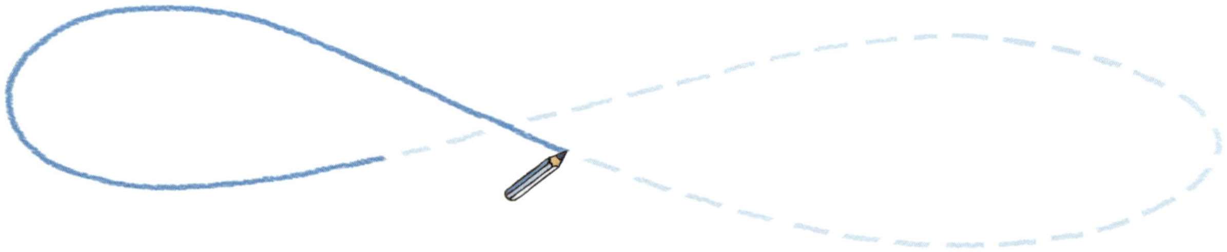

1: Unterschiedliche Linien erkennen und beschreiben. 2: Unterscheiden der Linien: gekrümmte und gerade Linien.
3: Linien nachspuren. Gekrümmte Linien mit Faden legen.

1

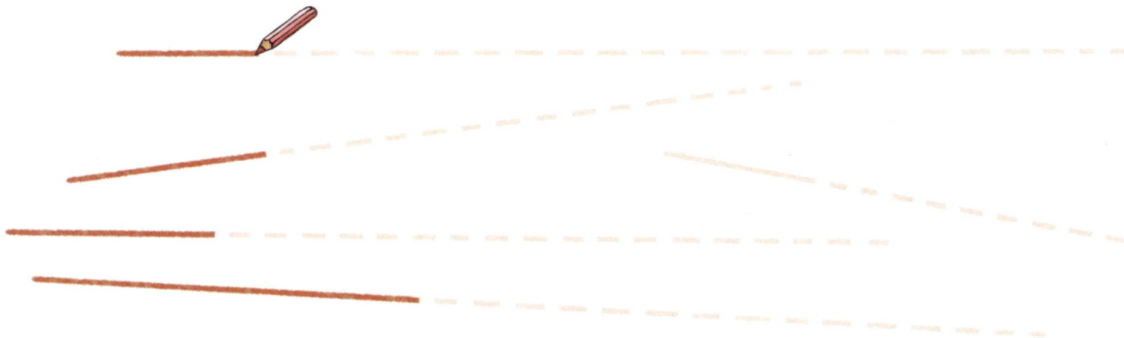

2

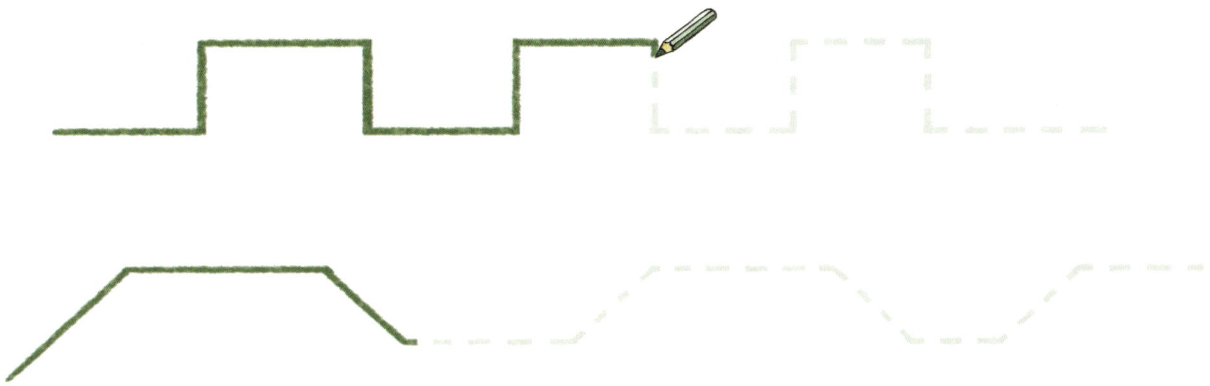

3

4

Strecken

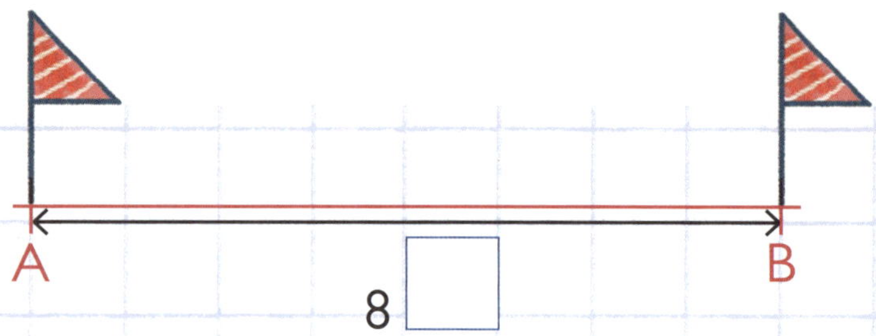

$\overline{AB}$ = 8 ☐

1

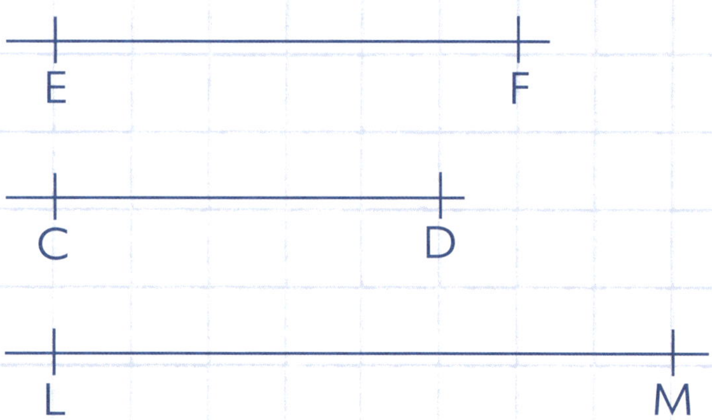

$\overline{EF}$ = ☐ ☐

$\overline{CD}$ = ☐ ☐

$\overline{LM}$ = ☐ ☐

2

$\overline{AB}$ = 3 ☐ A

$\overline{EF}$ = 5 ☐ E

$\overline{CD}$ = 7 ☐ C

Bild: Strecken erkennen. 1: Anzahl der Kästchen für die Länge der Strecke angeben. Strecken bezüglich ihrer Länge vergleichen. 2: Strecken nach gegebener Länge zeichnen. Länge der Strecken vergleichen.

Schätzen und messen

1

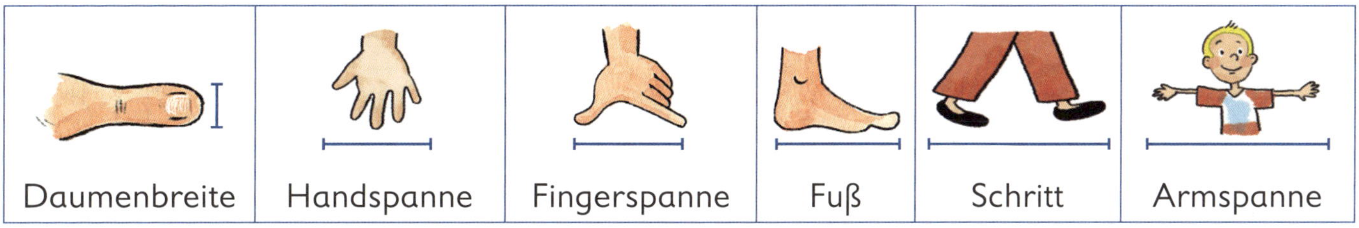

2

3

Bild: Messen mit Körpermaßen verstehen. 1 bis 3: Mit den Körpermaßen messen.
Das Schätzen dem Messen voranstellen. Schätzwert und gemessenen Wert vergleichen.

Daten sammeln

1

𝍸 5

2

3

4

Strichliste/Zahl: 1 bis 4: Anzahl der Mädchen und Jungen, Anzahl der Brillen und Basecaps, Anzahl der jeweiligen Hosen und T-Shirts bestimmen.

Informationen aus Tabellen entnehmen

1

||| 3	||	||||	|

2

|||	~~||||~~	||

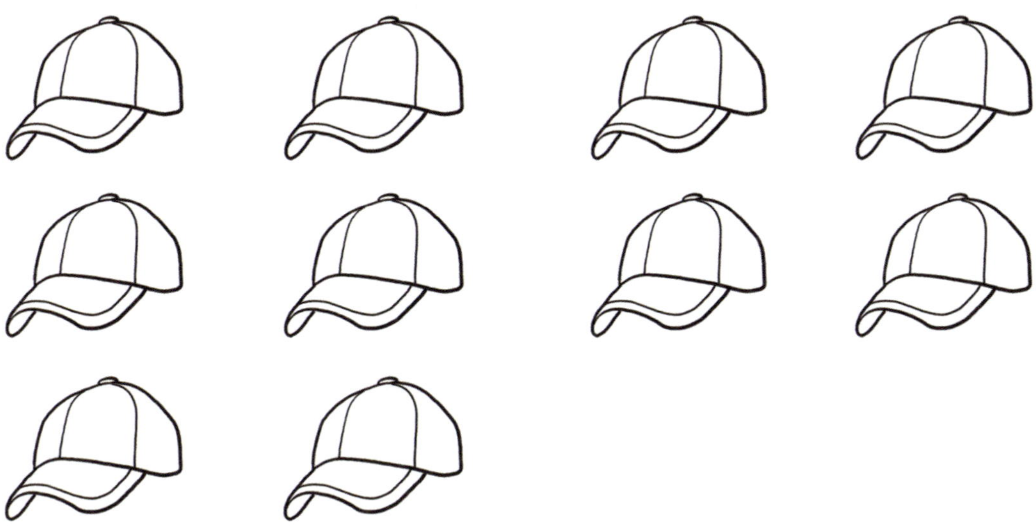

1, 2: Ziffer der Strichliste zuordnen. Hosen/Basecaps entsprechend der Vorgabe (Farbe und Anzahl) ausmalen.

Kombinieren

1

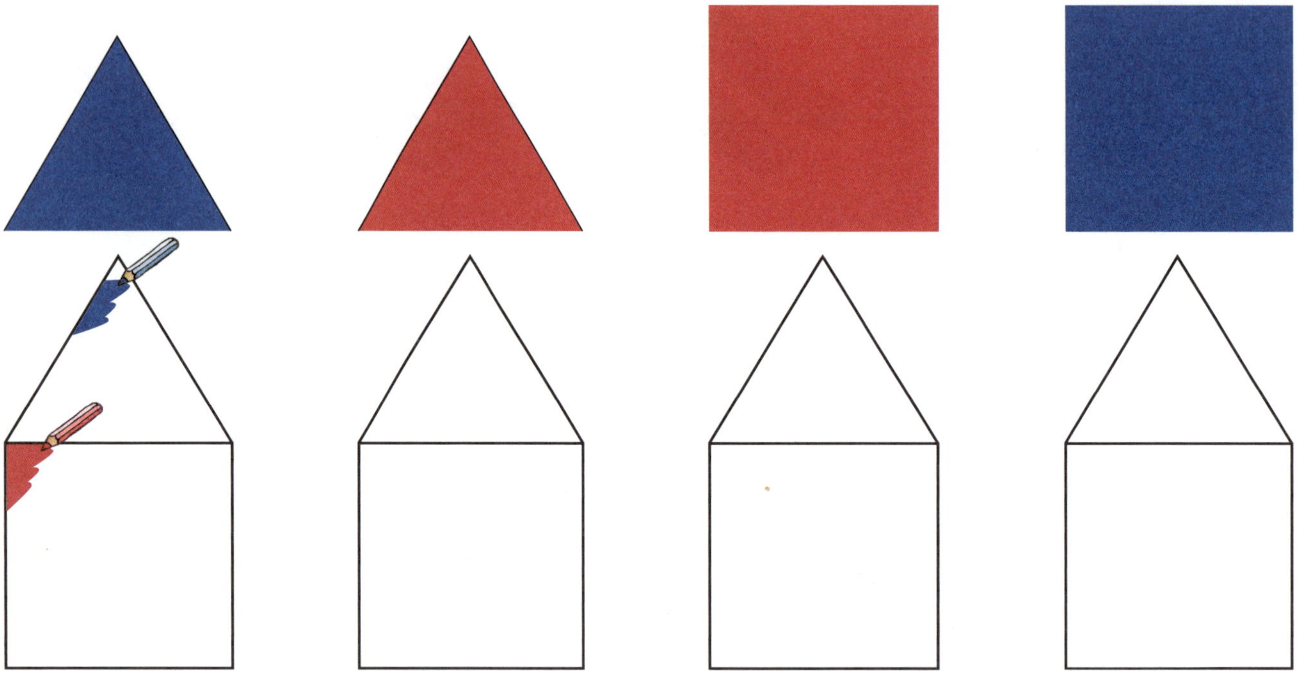

2

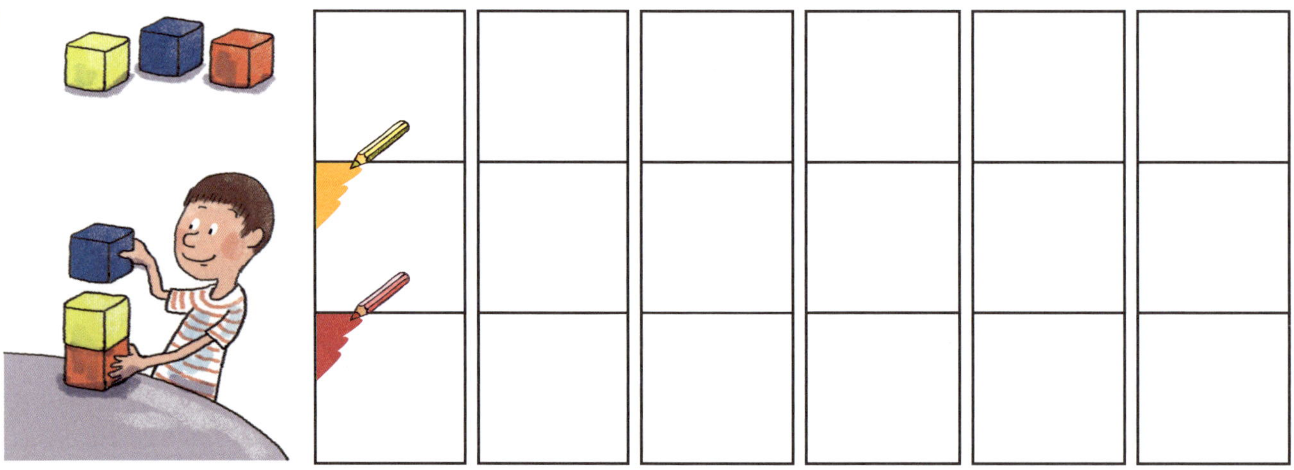

3

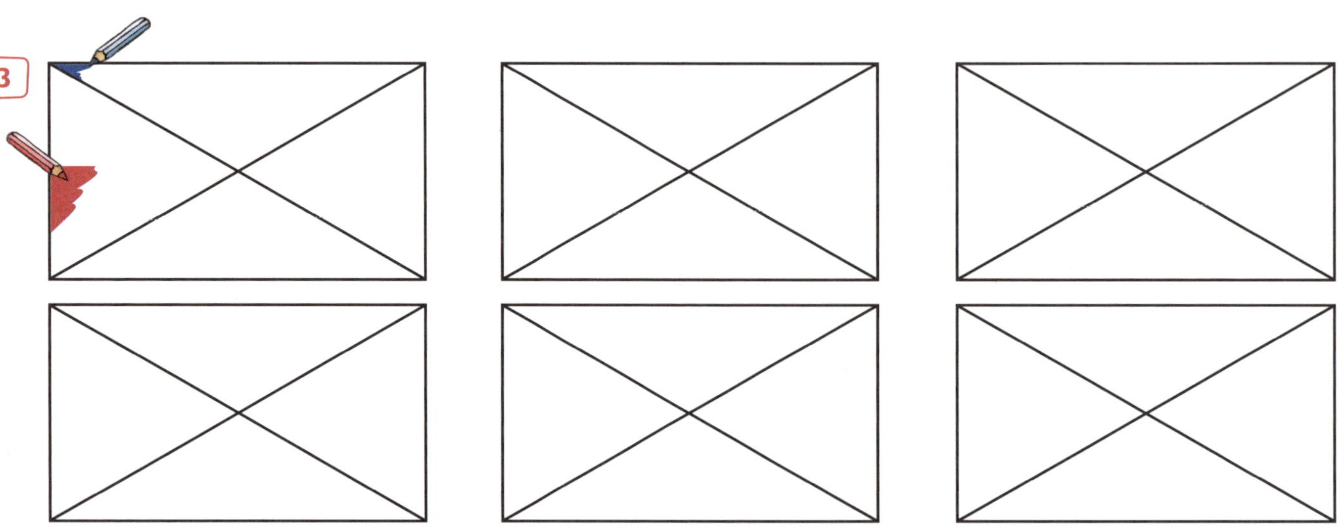

1 bis 3: Alle Möglichkeiten durch Ausmalen oder (und) Legen mit Plättchen finden.

1

2

3

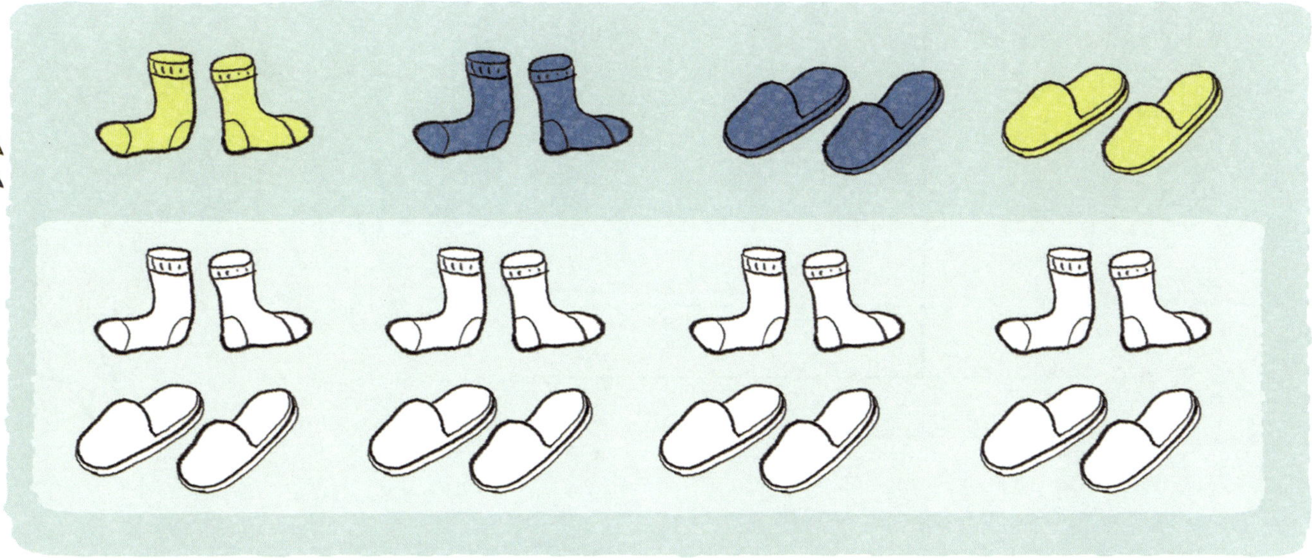

1 bis 3: Kombinationsmöglichkeiten finden. Die Kleidungsstücke entsprechend ausmalen.

Projektidee: Mathematik zum Staunen und Spielen

1

2

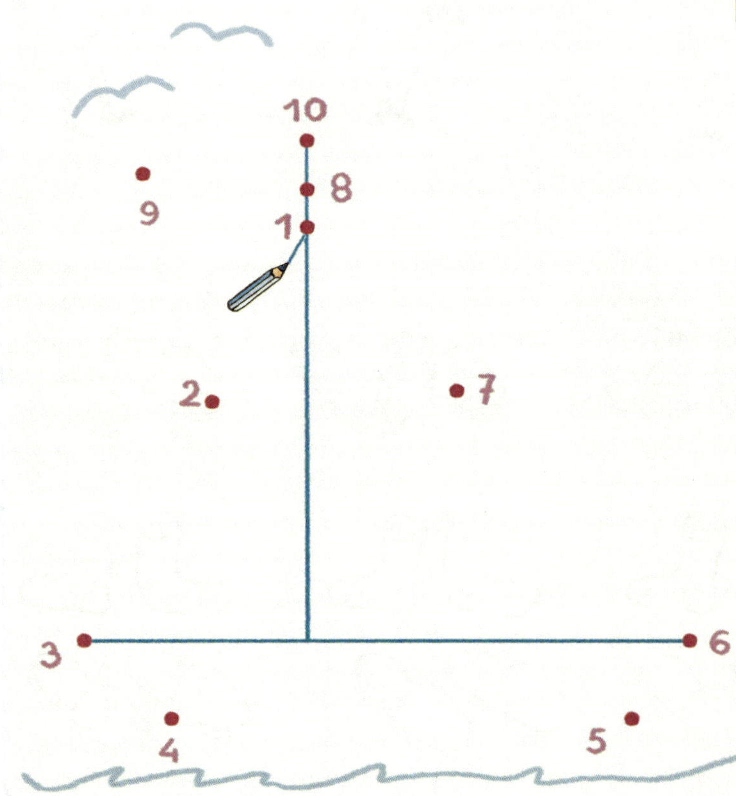

3

1: Versteckte Zahlen in den Figuren finden, farbig nachzeichnen und herausschreiben. 2: Zahlen in Zählfolge (vorwärts zählend) verbinden. 3: Zahlen in Zählfolge (rückwärtszählend) verbinden.

1

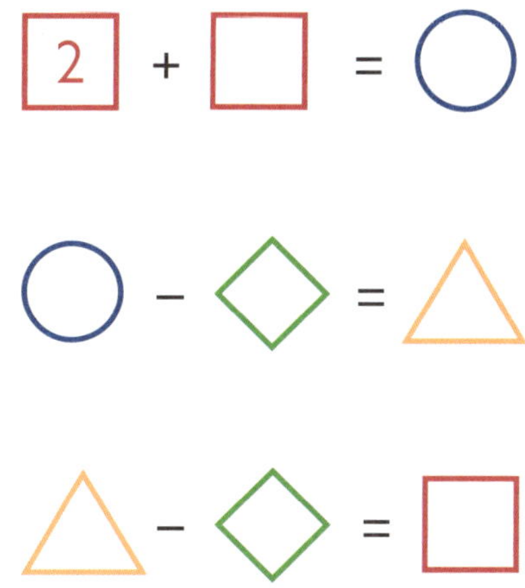

2

1: Aufgabe finden und lösen durch Einsetzen der vorgegebenen Zahlen.
2: Anzahl der Gegenstände bestimmen. Dem Gegenstand die entsprechende Farbe zuordnen – Muster erkennen.

P

1 2 3 4

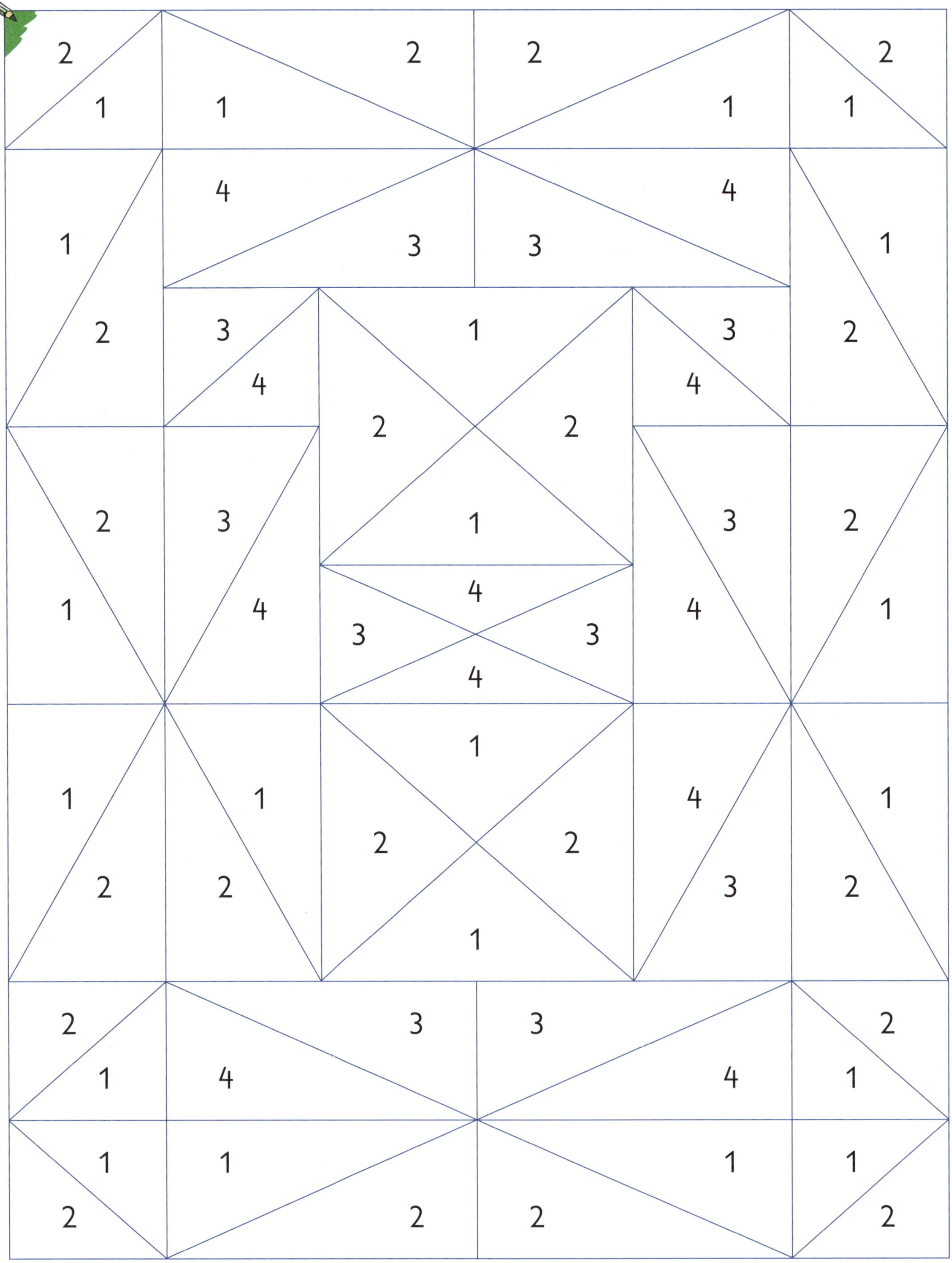

Felder nach Vorgabe färben, Lösungszahl erkennen und mit einem schwarzen Stift umfahren